巴黎星級名店
LA PÂTISSERIE
CYRIL LIGNAC
甜點大全

法國國民主廚黎涅克的55道經典食譜

甜點主廚　希里爾・黎涅克 CYRIL LIGNAC、貝諾瓦・庫弗朗 BENOIT COUVRAND
攝影　傑洛姆・嘉蘭 JÉRÔME GALLAND
食物造型　珈蘅洛・巴爾黛 GARLONE BARDEL
撰文　保羅－亨利・畢宗 PAUL-HENRY BIZON
翻譯　韓書妍
審訂　廖家瑜 LINDA LIAO

前言

不論是運動、政治、文化還是美食，我們的時代已經迷失在對卓越傑出的追求中。按照潮流開創者的說法，生活中就是一場個人之間的競爭，永遠要做得比同類的人更好、更新、更引人注意……然而，除了不斷拉開與周遭人們的距離之外，難道我們沒有其他目標了嗎？那些共同的喜好又怎麼說呢？所有那些讓我們連結在一起的單純事物？團體遊戲？我們的童年？幽默？分享的樂趣？

由於專注在出類拔萃，我們把精力浪費在自戀和自私，忽略了所有讓我們齊聚一堂的事物，就像花朵的美，或是一道落在頸後的溫暖陽光，感受一塊巧克力在舌頭上融化的幸福感，品嚐巴黎－布列斯特和塔皮的酥脆，帕林內、英式蛋奶醬、熟透水果的滋味……推開希里爾·黎涅克甜點店的大門時，一定能發現達到滿足與療癒的方式有如此多樣。

為什麼？因為身為在阿韋隆省自由自在成長的男孩、身為一個由擁有分享意識的女性養成的直覺性主廚、受到巴黎大師們啟蒙而深具美感的甜點師，希里爾·黎涅克主張單純的喜悅、慷慨與溫柔的權利。

他的甜點店是實踐日常藝術的救世所，這門藝術是提醒我們，正是這些喜悅將我們連結在一起，讓我們成為孩童、女人、男人，最重要的並不是吃「其他人吃不到的東西」，而是知道在分享這些構成共同生活基石的時刻時，我們體會的喜悅和他是一樣的。

希里爾·黎涅克和他的好夥伴貝諾瓦·庫弗朗（Benoît Couvrand）提醒我們，甜點師的天才在於用自身才華的極致為眾人帶來幸福。

這就是大家拚勁全力想要達到的「卓越」。這既不特殊，也不是體制外，亦不是唯一。這是正確的事，並且日復一日以相同的強度重複。

保羅－亨利·畢宗（Paul-Henry Bizon）

日常幸福的 藝術

「甜點有如母親的柔情。
我希望我的甜點能夠療癒人心，
為人們帶來甜蜜滋味。」

目次

希里爾·黎涅克 & 貝諾瓦·庫弗朗

撰文：保羅－亨利·畢宗

今日的甜點

必須傾聽身處時代的聲音。就我而言，多年下來，甜點多少迷失在技法實驗、極為複雜的結構、慕斯、乳化……為了讓櫥窗能令人印象深刻，甜點師有點忽略了單純事物的滋味，更重要的是，忽略了追求愉悅感的消費者喜好！隨著新生代到來，這股對根本的重視重新回歸。回應眾望，同時這也是我們喜愛的事，就是回到甜點的根源，製作巴黎－布列斯特、蘭姆巴巴或黃檸檬塔等不再需要證明自身美味卻深植人心的作品，同時也是能不斷重新詮釋與再創造的經典。

對貝諾瓦和我而言，讓基本款甜點改頭換面，帶給人們驚喜，這既是樂趣，也是一項真正的挑戰。

四手聯創

巴黎－布列斯特就是很好的例子。我們創作了一款新口味，是甜點店開幕以來的第二款！在避免做出荒腔走板的巴黎－布列斯特的前提下，我們成功跳出原版的框架。雖然特殊口味做成限定版或許會很好玩，但長期下來是不可能成為經典的。

首先，我注意到人們的消費習慣改變了。他們逐漸較少購買大型蛋糕，而是多個小型蛋糕分著吃。這是品嚐多款甜點的方式。於是當時我發想了直線型的巴黎－布列斯特，賣得非常好，之後也蔚為風潮。而現在是創造其它做法的時候了。我想到葡萄乾麵包，大家會把麵包攤開，先吃香軟的中心，我便以葡萄乾麵包的模樣創作了一款巴黎－布列斯特，螺旋狀的，但是……每個部分都是精華美味。我和貝諾瓦說了這個點子，他便運用他的技術實現這股直覺。我們花了四個月時間嘗試，才成功打造出一款造型創新而且更加美味的蛋糕。我們調整了帕林內、泡芙麵糊的酥皮、皮埃蒙特榛果……我們已經習慣如此工作。我們兩人相輔相成，對彼此全然信任。在我的餐廳裡，我每天都會接觸到新的顧客、新的模式、新的期待。我試著將這些轉譯為蛋糕的點子，然後貝諾瓦在工作室裡將這些點子付諸實現。他讓這些甜點誕生，而且讓製作過程最佳化。在這個過程中，我們會不斷討論，雙方依照自己的經驗做出調整。

榛果巧克力球的要素創造的「榛果」，將之改造為輕盈的多層甜點（entremets），柔滑中不失香脆，創造出極品美味。即使像「秋分」這樣極具現代感的多層甜點，我們也沒有忽略精品甜點的本質，就是滿足唇舌的味覺饗宴，而非主廚甜點，因為後者的作品與料理息息相關，是為主廚的美食願景而製作。

主廚甜點與精品甜點

這是兩種截然不同的東西，幾乎是兩個不一樣的職業。在餐廳裡，甜點和菜餚一樣是即時準備的，與整頓飯、與主廚的想法息息相關。這些甜點的設計和構成是為了在餐後立即被食用，因此可以在短暫的質地、較脆弱的結構、創新等方面下功夫。

相反的，精品甜點必須經得住時間考驗。清晨三點製作的蛋糕會冷藏，接著放進櫥窗展示，然後被客人帶回家，再度放進冰箱，有時候甚至到隔天才會取出食用。時間的安排非常重要。以蘭姆巴巴為例子，製作需要花上三天。先做麵團，接著浸泡、瀝乾，然後再次浸泡，直到巴巴的濕度完全均勻，既不過乾也不過濕。接著就會放進櫥窗。巴巴真是令人開心的美味。人們可以隨心所欲地享用，直接吃或是加入蘭姆酒都很棒，總之都很好吃！某天，一名評論者以為自己可以傷害我，說我與消費者是一個願打一個願挨。在我眼中這反而是讚美！這就是我的力量，我全力以赴做料理和蛋糕，就是為了讓大家都開心。

招牌甜點

我們的招牌甜點也是如此。打從一開始，我就希望我的甜點店提供最優質的傳統甜點，如蘭姆巴巴、巴黎－布列斯特等，但同時用走在時代尖端，用創意帶來驚喜。出於這個想法，我們創造了秋分。這款蛋糕的發想極具當代風格，由於顧客越來越喜歡買來與友人們分享，而不是單獨一個小型蛋糕，因此也販售多層大型蛋糕的形式。

我們研究了裹住焦糖奶霜的香草慕斯、巧克力香草甘納許濕潤蛋糕及焦糖餅乾脆片質地的相互關係。其造型非常驚人，灰色粉質的巧克力外殼上綴著紅色圓點。我們在創作像這樣的蛋糕時投入許多感情，能夠讓大眾喜愛也令我們自己完全滿意，真的令人開心極了。這是一款不會過時的蛋糕，一如我們以

當地小店的幸福

不同於主要配合午餐和晚餐節奏的餐廳，甜點店是全天開放的地方。我很喜歡這種當地小店與城市一整天的連結。早上是麵包、甜麵包的香氣，然後是我們在午餐的尖峰時間前隨手抓來吃的瑪德蓮、餅乾等，接著是下午的點心時間，有焦糖奶油阿曼、磅蛋糕……餐飲店在城市生活中非常重要，即使像巴黎這樣的大城市也不例外。那是人們交談、碰面、讓自己開心的街區場所。我希望

在 Studio KO 設計的空間中，瀰漫著淡淡的懷舊滋味，喚起孩提時代滿懷好奇的溫柔，這會在甜點與美味的關係中起到相當關鍵的作用。商家的行為、店面的氣氛——還有包裝也是！所有能讓我的甜點為人帶來喜悅的小細節都很重要，必須與我們和貝諾瓦打造的蛋糕相匹配。一切都必須要能提升品嚐、分享和發現的幸福感。

訂製服

一開始，如果沒有我們對彼此的互相信任，一切都不可能實現。我常常以偉大的服裝設計師做例子，解釋我們的工作方式。由於我持續與人們接觸，常常會冒出直覺，查覺到周圍瀰漫著時代、渴望、消費習慣、時尚的形象或主題。我把這些感受轉化為創作。創作的不是服裝而是菜餚與蛋糕的點子。然後我會帶著這些點子面對現實、貝諾瓦的務實，他會試圖將這些想法化為可能。我的角色是把他推到極限，讓他不會為了技術上的「方便」而減少任何創造的可能性。甚至到了讓他惱火的地步。例如成為顧客最愛甜點的覆盆子塔。使用新鮮食材製作時，平衡方面可能會有些差異。有些果實較酸，有些較甜，這些都取決於生長和採收的狀況，提高了創作困難度。連續好幾個星期，我都不採用他提出的作品，因為我知道他可以做得更好。他信任我，他聽進我對他說的話，然後我們使用覆盆子汁，蛋糕裡的白色杏仁乳霜上放著倒置的覆盆子，整體下方則是香脆的甘納許，成功做出彼此都極為自豪的成品。經過數星期的努力，我們終於找到平衡了。

「我很喜歡這種當地小店
與城市一整天的連結。」

「很多人都會繪製超級詳細的手稿、艱深的計算，

而我們則跟隨自己的情感。」

最愛的食材

我們沒有偏愛的食材。我們對每項食材都下足工夫，因此不再有喜愛程度的差異或區別。某種程度上，甜點的構思是相當抽象的，幾乎像數學一樣。所有的食材，譬如巧克力、香草、檸檬、紅色莓果……都各有食材本身的限制，也因此讓我們更加著迷。

對每一個創作，我們都是從零開始，依照我們想要的結果下工夫。想法萌生的那一刻，蛋糕就有了生命，不再是抽象的。這是原創的配方，體現一種獨特的煉金術，其誕生的時刻取決於諸多人為因素，包括對生活的想像、向他人傳達幸福的喜悅。我是一個快樂的人，而我想傳達這份喜悅。

給予喜悅

我的人生中有兩個極為重要的時刻，使我成為男人與廚師。第一，我是和女性一起下廚而學會料理的，尤其是妮可·法格加提耶（Nicole Fagegaltier）。這些女性向我灌輸了愛的表現，將無法超越的自我奉獻之愛傳承給我，那是養育之母的愛、是情感深厚的感性料理的愛，不是追求滋養自我，而是為了以真心餵飽人們。

在這些女性身邊，我不是為了學習技巧，而是為了學習「有家的味道」，學習為人們帶來快樂。這些價值觀與我的童年價值觀遙相呼應，更加鞏固後者。再來是亞蘭·帕薩德（Alain Passard），他有如真正的舞者，擁有和諧輕盈的天賦，並將這種感性和優雅傳授給我。他說「我的廚師手法很棒」。多好的讚美啊！我喜歡這種手法的溫柔，試著將之融入我的料理。我相信吃過的人都能感受到這股滋味。這種和諧感引領我的日常、我的選擇、我的決定。在甜點中，我也想要達到同樣的目標，淡化技巧並傳達情感與喜悅。蛋糕就像一個擁抱，很療癒，能夠撫慰人心。很多人都會繪製超級詳細的手稿、艱深的計算，而我們則跟隨我們的情感。

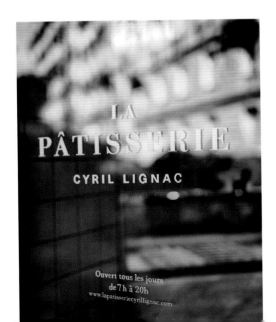

19

À PARTAGER

共享甜點

À
PARTAGER
共享甜點

顯而易見甜點有多受歡迎：
齊聚一堂的喜悅、
對探索擁有孩子般的好奇心、
秀色可餐的外觀……

水果塔、多層甜點、磅蛋糕、法式布丁塔、焦糖奶油阿曼或濕潤蛋糕……沙布雷塔皮在刀尖下清脆斷裂、糖霜碎裂……手腳最快的人最先抓起一塊……露出心滿意足的笑容……而一起分享，蛋糕更美味。

SABLÉ BRETON
ET FRAISES DE PLOUGASTEL

普魯加斯岱草莓布列塔尼
沙布雷

可製作 6 個

製作時間
前一天 45 分鐘
當天 1 小時

烘烤時間
15 分鐘

工具
7 公分不鏽鋼塔圈

布列塔尼沙布雷
（前一天製作）
蛋黃 60 公克（約 3 顆蛋）
糖 120 公克
奶油 130 公克
鹽 3 公克
T45 麵粉 180 公克
泡打粉 9 公克

黃檸檬奶霜
糖 75 公克
奶油 112 公克
蛋液 75 公克
黃檸檬汁 100 公克
吉利丁 1 片
黃檸檬皮刨屑 1 顆份

組合
野草莓 500 公克
開心果粉 50 公克

布列塔尼沙布雷

麵粉、泡打粉和鹽一起過篩。
桌上型攪拌機裝攪拌球，將蛋黃和糖放入攪拌缸，攪打至整體轉為白色。
將攪拌球換成攪拌葉。
放入常溫奶油，然後加入泡打粉與麵粉。不可過度攪拌麵團。
取出麵團，冷藏靜置 12 小時。

黃檸檬塔奶霜

吉利丁片浸泡冰水 20 分鐘，取出瀝乾。
將蛋、糖、黃檸檬皮刨屑和黃檸檬汁一起攪拌均勻成蛋糖糊。
蛋糖糊放入鍋中，加熱至 85℃。

蛋糖糊離火，加入吉利丁。
靜置冷卻至 60℃。
接著加入事先切成小丁的冰涼奶油。
以手持攪拌棒混合 3 分鐘，冷藏 12 小時。

組合

沙布雷麵團擀至厚度 0.6 公分的塔皮。
烤盤鋪烘焙紙，放上布列塔尼沙布雷塔皮。

烤箱預熱至 170℃（溫度 5/6），放入塔皮烘烤 15 分鐘。
烤至 8 分鐘時，取出沙布雷塔皮，以直徑 7 公分的圈模切割。
續烤至完成，靜置冷卻。
擠花袋裝擠花嘴，將黃檸檬奶霜擠成圓頂狀。
放上排列整齊的野草莓。
撒上開心果粉。

主廚的建議

可為布列塔尼沙布雷增添風味，例如茶或開心果口味。烘烤剩下 1/4 的時間時，可取出塔皮略略壓平，如此完成的邊緣就會筆直俐落。
務必將野草莓放在兩張濕布之間保存。

TARTE TATIN
AUX POMMES ET ABRICOTS
蘋果杏桃反轉塔

可製作 6 人份

製作時間

前一天 3 小時
當天 1 小時

烘烤時間

35 分鐘

工具

直徑 19 公分、16 公分
及 6.5 公分不鏽鋼圈模
Rhoidoïd® 塑膠圍邊

甜麵團

（前一天製作）

無鹽奶油 87 公克
杏仁粉 22 公克
糖粉 60 公克
鹽 1 小撮
T55 麵粉 145 公克
蛋液 35 公克（約 1/2 顆蛋）

香脆塔皮

甜麵團 186 公克
巴芮脆片（feuilltine）186 公克
鹽之花 1 公克
60% 榛果帕林內 174 公克
可可脂 52 公克

酥粒

（前一天製作）

無鹽奶油 100 公克
紅糖 100 公克
杏仁粉 100 公克
麵粉 100 公克
鹽之花 1 公克

甜麵團

桌上型攪拌機裝攪拌葉，奶油放進攪拌缸攪打至軟化。

同時間，將杏仁粉、糖粉和鹽之花放進調理盆混合，接著倒入攪拌缸與奶油一起攪拌。

混合均勻後，加入三分之一的蛋液與三分之一的麵粉。混合 1 分鐘。剩下的三分之二如前述重複兩次。麵團以保鮮膜包起，冷藏靜置至隔天。

烤箱預熱至 160℃（溫度 5/6）。麵團放在鋪烘焙紙的烤盤上，擀至厚度 0.2 公分，然後烘烤 16 分鐘。

香脆塔皮

切碎甜塔皮，加入巴芮脆片、鹽之花、榛果帕林內和融化的可可脂。充分混合整體，然後放入直徑 19 公分的圈模壓平，冷藏備用。

酥粒

烤箱預熱至 160℃（溫度 5/6）。除了奶油，將所有食材放入攪拌缸。接著將冰涼的奶油切成小丁，加入食材中混合至沙狀。

烤盤鋪烘焙紙，放上整理成小球狀的酥粒麵團，烘烤 13 分鐘。

反轉蘋果杏桃糊

（前一天製作）

金冠蘋果 960 公克
杏桃 240 公克
無鹽奶油 75 公克
百花蜜 120 公克
香草莢 2 根
鹽之花 5 公克
細白砂糖 250 公克
液態鮮奶油 126 公克
吉利丁 7 片

香草甘納許

（前一天製作）

液態鮮奶油 135 公克
香草莢 1/2 根
吉利丁 1 片
白巧克力 35 公克

組合

鏡面果膠
防潮糖粉
新鮮杏桃

反轉蘋果杏桃糊

吉利丁放入裝冰水的碗中浸泡 20 分鐘。蘋果削皮，切成 1.5 公分立方的小丁。杏桃切成八等份。

取一只鍋子，放入奶油、蜂蜜、一根香草莢份的香草籽及三分之一的鹽之花，加熱至融化。放入蘋果，煮至小丁軟化呈半透明。加入杏桃續煮 5 分鐘。

另取一只鍋子，將細白砂糖煮至琥珀色的焦糖。* 倒入熱的液態鮮奶油稀釋，並加入另一根香草莢的香草籽及鹽之花。加入水果後混合均勻。最後放入充分瀝乾水分的吉利丁。

直徑 16 公分的圈模中央放直徑 6.5 公分圈模，內側放塑膠圍邊，倒入 500 公克水果糊。冷藏至隔天。

香草甘納許

吉利丁放入裝冰水的碗中浸泡 20 分鐘。

取一只鍋子，將一半的液態鮮奶油與縱剖刮出的香草籽煮至沸騰。離火加蓋靜置 5 分鐘。用雙手瀝乾吉利丁片，加入熱鮮奶油中。接著將鮮奶油分三次淋入巧克力，進行乳化。混合均勻。最後加入剩下的冰涼液態鮮奶油均質混合。

冷藏備用。

組合

鏡面果膠事先加熱至 45℃融化，裹滿反轉水果糊，然後擺放在香脆塔皮中心。

酥粒上撒少許防潮糖粉，擺放在塔的邊緣。

打發香草甘納許，然後填入塔的中央。使用擠花袋，擠出球狀打發香草甘納許，放上新鮮杏桃與剩下的酥粒裝飾。

---

* 焦糖剛煮好時鍋子溫度很高，要小心加入鮮奶油，避免高溫食材噴濺燙傷。

「反轉蘋果塔深植人們的想像中⋯⋯
重新詮釋這道甜點非常快樂。」

TARTE AUX POIRES
ET PÉPITES DE CHOCOLAT
巧克力碎片洋梨塔

可製作 6 人份

製作時間
前一天 30 分鐘
當天 1 小時

烘烤時間
45 分鐘

工具
邊長 18 公分、
高 2 公分不鏽鋼正方模

甜塔皮
（前一天製作）
無鹽奶油 175 公克
杏仁粉 45 公克
糖粉 120 公克
鹽 1 小撮
T55 麵粉 290 公克
蛋液 70 公克（約蛋 1 大顆）

巧克力脆粒杏仁奶油
杏仁粉 90 公克
卡士達粉 8 公克
糖粉 70 公克
蘭姆酒 8 公克
奶油 70 公克
蛋液 50 公克（1 顆份）
珍珠巧克力米 120 公克

組合
新鮮洋梨 8 個
珍珠巧克力米 100 公克
糖粉

甜塔皮

桌上型攪拌機裝攪拌葉，奶油放進攪拌缸攪打至軟化。
同時間，將杏仁粉、糖粉和鹽之花放進調理盆混合，接著倒入攪拌缸與奶油一起攪拌。
混合均勻後，加入三分之一的蛋液與三分之一的麵粉。混合 1 分鐘。剩下的三分之二如前述重複兩次。冷藏靜置。

巧克力脆粒杏仁奶油

製作前 30 分鐘將蛋取出冰箱，使其回復至室溫。
將事先切小塊的奶油放入攪拌機攪打。
依序放入糖粉、卡士達粉、杏仁粉。
加入蛋液。
整體混合均勻後，加入蘭姆酒。
最後放入珍珠巧克力米。

組合

烤箱預熱至 175℃（溫度 5/6）。
麵團擀至厚度 0.3 公分，鋪入不鏽鋼正方模。
擠花袋裝擠花嘴，填入平整的杏仁奶油。
洋梨削皮對切，去芯後切方塊。
洋梨立刻均勻放在杏仁奶油上，烘烤 40 分鐘。
靜置冷卻。
撒上糖粉，以珍珠巧克力米裝飾。

PAIN PERDU
À LA POIRE ET CARAMEL
洋梨焦糖法式吐司

可製作 6 個

製作時間

前一天 2 小時
當天 30 分鐘

烘烤時間

1 小時

布里歐修麵團

（前一天製作）

T45 麵粉 280 公克
細白砂糖 30 公克
細鹽 6 公克
麵包酵母 12 公克
蛋液 186 公克（中型蛋 3 顆）
無鹽奶油 225 公克

杏仁奶油

（前一天製作）

無鹽奶油 70 公克
糖粉 70 公克
卡士達粉 8 公克
杏仁粉 90 公克
蘭姆酒 8 公克
蛋液 50 公克（中型蛋 1 顆），
室溫

布里歐修麵團

桌上型攪拌機裝攪拌勾，使用 1 段速混合麵粉、糖、鹽，然後放入酵母。

逐次加入蛋液，混合至麵團均勻。接著以 2 段速攪拌麵團，直到麵團不沾黏攪拌缸內壁。

以 1 段速攪拌麵團，加入切小丁的奶油，攪拌至整體混合均勻，接著改為 2 段速攪拌至麵團不沾黏攪拌缸內壁。

麵團靜置室溫 1 小時，然後分成兩球，冷藏至隔天。

製作當天，使用罐頭或直徑 10 公分高 15 公分的不鏽鋼管，放進高度 20 公分的烘焙紙。放入麵團。烤箱預熱至 30℃（溫度 1），烤箱關火等待 5 分鐘。接著放入麵團 45 分鐘。

取出布里歐修麵團，溫度提高至 165℃（5/6 段溫度）。

再度放進麵團烘烤 40 分鐘。靜置冷卻

杏仁奶油

開始製作前 30 分鐘從冰箱取出蛋，使其回復至室溫。

將事先切小塊的奶油放入攪拌機攪打。依序放入糖粉、卡士達粉、杏仁粉。接著逐次加入蛋液。

整體混合均勻後，加入蘭姆酒。冷藏至隔天。

焦糖冰淇淋

（前一天製作）

細白砂糖 245 公克
液態鮮奶油 125 公克
有鹽奶油 20 公克
牛奶 500 公克
蛋黃 95 公克（蛋 5 顆份）

浸泡用蛋奶液

牛奶 250 公克
細白砂糖 75 公克
全蛋 150 公克（中型蛋 3 顆份）

組合

洋梨 4 個（comice 品種）
榛果 200 公克

焦糖冰淇淋

首先製作焦糖：取一只鍋子，放入 175 公克的糖製作乾式焦糖，煮至喜歡的焦糖化程度。之後倒入事先加熱的 75 公克液態鮮奶油與有鹽奶油混合。然後加入鮮奶與其餘的冰涼液態鮮奶油（50 公克）。

蛋黃與其餘的糖（70 公克）攪打，然後倒入牛奶焦糖液。加熱至 85℃。

離火，均質混合，靜置冷卻，然後放入冰淇淋機製成冰淇淋。冷凍備用。

浸泡用蛋奶液

混合三種食材，冷藏保存。

組合

烤箱預熱至 180℃（溫度 6）

用鋸齒刀將布里歐修切成 2 公分的厚片。浸入蛋奶液，瀝乾。以抹刀在布里歐修片上抹薄薄一層杏仁奶油。

洋梨削皮切方塊，均勻放在杏仁奶油上，加上切半的榛果。

烘烤 20 分鐘。靜置冷卻。趁溫熱搭配一球冰淇淋（用兩根湯匙整理成橄欖形狀）享用。

TARTE AUX ABRICOTS
DU ROUSSILLON ET NOUGAT DE MONTÉLIMAR

蒙特里馬牛軋與魯西雍 杏桃塔

可製作 6 人份

製作時間
45 分鐘

烘烤時間
50 分鐘

工具
直徑 22 公分、
高 2 公分不鏽鋼圈模 1 個；
直徑 9 公分圓形切模 1 個

甜塔皮麵團
室溫無鹽奶油 175 公克
杏仁粉 45 公克
T55 麵粉 290 公克
糖粉 120 公克
鹽 1 小撮
全蛋 70 公克（蛋 1 大顆）

杏桃杏仁奶油
杏仁粉 70 公克
無鹽奶油 55 公克
糖粉 55 公克
室溫全蛋 40 公克（蛋 1 小顆）
蘭姆酒 8 公克
剖半杏桃 40 公克
杏桃果泥 10 公克
細白砂糖 1 平匙
黃檸檬汁 1 小匙

牛軋甘納許
35% 液態鮮奶油 320 公克
牛軋醬（pâte de nougat）60 公克
吉利丁 3 片
白巧克力 60 公克

甜塔皮麵團

桌上型攪拌機裝攪拌葉，將奶油攪打至軟化。
同時間，所有粉狀食材放入調理盆混合：杏仁粉、麵粉、糖、鹽。
接著將粉狀材料放入奶油攪拌。
混合均勻後，逐次加入蛋液。輕輕攪拌均勻。

杏桃杏仁奶油

先製作杏仁奶油。桌上型攪拌機裝攪拌葉，放入奶油攪拌成膏狀。加入糖粉、然後是杏仁粉。接著依次加入室溫的蛋。最後倒入蘭姆酒。冷藏備用。
製作糖煮杏桃：杏桃切方塊，與果泥和細白砂糖放入鍋中加熱。接著以手持攪拌棒絞碎混合。沸騰後，加入黃檸檬汁。冷藏備用。
以桌上型攪拌機混合杏仁奶油和杏桃果泥，直到整體質地均勻。

牛軋甘納許

鍋中放入一半份量的鮮奶油與牛軋醬，煮至沸騰。
吉利丁浸泡冰水 20 分鐘。用雙手充分瀝乾，放入鍋中。
將熱鮮奶油分三次淋在巧克力上，同時不斷攪打使整體乳化。接著加入其餘的冰涼鮮奶油，均質混合。冷藏備用。

杏桃鏡面淋面

杏桃果泥 250 公克
細白砂糖 60 公克
吉利丁 3 片

組合

完整新鮮杏桃 400 公克
香草莢 1 根
塗抹圈模的奶油適量

杏桃鏡面淋面

吉利丁浸泡冰水 20 分鐘。
杏桃果泥放入鍋中加熱,加入糖。
離火放入充分瀝乾的吉利丁,放入冰箱冷卻。

組合

擀平甜麵團。切下一片直徑 26 公分的圓片和寬 2 公分的帶狀塔皮。
直徑 22 公分的塔圈塗奶油防沾,鋪入塔皮。接著將直徑 9 公分切模放在塔皮中央,沿著外圍切割,使塔皮中空。移去中央切下的圓片,放回切模,然後將寬 2 公分的帶狀塔皮圍繞其上。
冷藏 30 分鐘。
杏桃杏仁奶油填入塔皮抹平。烤箱預熱至 175℃(溫度 5/6)。
杏桃切四等份,放在杏仁奶油上。烘烤 50 分鐘。
靜置冷卻,然後用刷子沾少許杏桃鏡面淋面,抹在杏桃上。
用打蛋器打發牛軋甘納許。擠花袋裝圓形擠花嘴,在塔中央擠上漂亮的圓珠狀牛軋甘納許。

主廚的建議

這道甜塔可以使用生杏桃製作,先將杏桃杏仁奶油烤熟後再放上新鮮杏桃瓣即可。
可撒上少許杏仁片。
可用苦杏仁醬或香草醬取代牛軋醬。

「杏桃與牛軋的滋味是天作之合。

這也不意外,畢竟本是同源嘛!」

CAKE MARBRÉ
CHOCOLAT-VANILLE
巧克力香草大理石磅蛋糕

可製作 6 人份

製作時間
30 分鐘

烘烤時間
45 分鐘

香草磅蛋糕麵糊
無鹽奶油 30 公克
香草莢 1 根
蛋黃 100 公克（蛋 5 顆份）
細白砂糖 130 公克
液態鮮奶油 70 公克
T55 麵粉 100 公克
泡打粉 2 公克

巧克力磅蛋糕麵糊
無鹽奶油 30 公克
蛋黃 80 公克（蛋 4 顆份）
細白砂糖 110 公克
可可粉 20 公克
泡打粉 2 公克
T55 麵粉 90 公克
液態鮮奶油 60 公克

批覆用牛奶巧克力杏仁
杏仁碎粒 50 公克
牛奶巧克力 225 公克
葵花油 50 公克

帕林內巴芮脆片
牛奶巧克力 50 公克
無鹽奶油 10 公克
榛果帕林內 90 公克
巴芮脆片 50 公克

香草磅蛋糕麵糊

融化奶油。室溫蛋黃和糖放入攪拌缸，以桌上型攪拌機混合。接著加入液態鮮奶油，然後放入事先混合過篩的泡打粉與麵粉。
以打蛋器輕輕混合，最後加入融化的奶油以及預先剖開並刮出的香草籽，拌勻後備用。

巧克力磅蛋糕麵糊

融化奶油。室溫蛋黃、糖和可可粉放入攪拌缸，以桌上型攪拌機混合。接著加入液態鮮奶油，然後放入事先混合過篩的泡打粉與麵粉。
以打蛋器輕輕混合，最後加入融化的奶油，備用。

批覆用牛奶巧克力杏仁

烤箱預熱至 210℃（溫度 7）。烤盤鋪烘焙紙，鋪平杏仁，放入烤箱烘烤約 5 分鐘，直到呈現喜歡的顏色。準備隔水加熱，在上盆中以 45℃融化巧克力。接著加入葵花油和烘烤杏仁。存放室溫備用。

帕林內巴芮脆片

巧克力和奶油分別融化。融化巧克力與帕林內及巴芮脆片混合。加入融化奶油。
烤盤鋪烘焙紙，巧克力脆片糊倒入烤盤鋪平，切成與使用的磅蛋糕模相同尺寸的長方形。冷藏備用。

組合

麵粉

無鹽奶油

組合

烤箱預熱至 165℃（溫度 5/6）。

烤模塗奶油撒麵粉防沾。倒入一半的香草麵糊，然後是巧克力麵糊，最後倒入其餘的香草麵糊。

用抹刀在麵糊中縱向畫出大理石紋，也就用抹刀戳刺麵糊，即可做出大理石紋。

烘烤 45 分鐘。

靜置冷卻。接著將長方形帕林內巴芮脆片放在蛋糕上。加熱批覆用牛奶杏仁巧克力，蛋糕放在網架上，淋上巧克力裹滿蛋糕。

「這是我童年時代的磅蛋糕，
生日的點心，
搭配杏仁和巧克力牛奶淋面。」

1. 香草麵糊倒入烤模。
2. 加入巧克力麵糊。
3. 倒入其餘的香草麵糊。
4. 用抹刀做出大理石紋。

FLAN
À LA VANILLE BOURBON
波本香草法式布丁塔

可製作 10 人份

準備時間
前一天 3 小時
當天 1 小時

烘烤時間
1 小時 30 分鐘

工具
直徑 28 公分、
高 4 公分圈模 1 個

千層麵團
（前一天製作）
T45 麵粉 440 公克
細鹽 8 公克
水 220 公克
無鹽奶油 330 公克

法式布丁塔蛋奶糊
全脂牛奶 1540 公克
波本香草莢 1 根（粗）
細白砂糖 230 公克
卡士達粉 110 公克

組合
麵粉
無鹽奶油

千層麵團

桌上型攪拌機裝攪拌勾，麵粉和鹽放入攪拌缸混合。
攪拌的同時，少量多次加水。
麵團整理成正方形，冷藏靜置 1 小時。
奶油放在正方形麵團中央。麵團兩邊向中線對折蓋住奶油。擀開完成第一折。重複此步驟三次，每完成一折，麵團必須冷藏一小時。冷藏備用。

法式布丁塔蛋奶糊

前一天將粗香草莢縱剖刮出香草籽。牛奶放入鍋中加熱至微微沸騰。香草莢和香草籽放入熱牛奶中浸泡，冷藏至隔天。
製作當天，混合糖和卡士達粉。牛奶少量多次過篩加入粉類食材，同時一邊攪拌。
整體倒入鍋中煮至沸騰 3 分鐘。
離火，以手持攪拌棒攪打。備用。

組合

烤箱預熱至 175℃（溫度 5/6）。
工作檯撒麵粉，將千層麵團擀至 0.2 公分。
取直徑 28 公分、高 4 公分的圈模塗奶油防沾，鋪入塔皮。倒入溫熱的蛋奶糊。烘烤 1 小時 30 分鐘。
取出烤箱，法式布丁塔完全靜置冷卻後再切分享用。

TIGRÉ
CHOCOLAT
巧克力虎紋費南雪

可製作 6 個

準備時間
45 分鐘

烘烤時間
15 分鐘

巧克力費南雪麵糊
無鹽奶油 80 公克
杏仁粉 50 公克
糖粉 145 公克
T45 麵粉 55 公克
泡打粉 2 公克
細鹽 1.5 公克
蛋白 150 公克（蛋 5 顆份）
水滴巧克力 125 公克

巧克力甘納許
液態鮮奶油 100 公克
66% 黑巧克力 100 公克

組合
珍珠巧克力米 100 公克
奶油

巧克力費南雪麵糊

奶油放進鍋中，加熱至呈現榛果色。離火靜置冷卻。
桌上型攪拌機裝攪拌葉，混合杏仁粉、糖粉、麵粉、泡打粉和鹽。
少量多次加入室溫蛋白，然後倒入冷卻的奶油。最後放入水滴巧克力。

巧克力甘納許

液態鮮奶油放入鍋中煮至沸騰。
巧克力切碎，熱鮮奶油分數次澆淋在巧克力上。
以手持攪拌棒均質甘納許至質地滑順閃亮。室溫備用。

組合

烤箱預熱至 175℃（溫度 5/6）。
6 個小型咕咕洛夫模塗奶油防沾，各倒入 60 公克巧克力費南雪麵糊。烘烤 15 分鐘。稍微靜置冷卻後再脫模。
將虎紋蛋糕平放在烤盤裡，冷藏數分鐘。同時間，加熱甘納許使其呈現膏狀質地。
虎紋蛋糕充分冷卻後，在中央凹陷處放少許珍珠巧克力米，然後小心注入甘納許。

MOELLEUX
AU CHOCOLAT
SANS GLUTEN

無麩質巧克力熔岩蛋糕

可製作 6 個

準備時間

25 分鐘

烘烤時間

10 分鐘

巧克力熔岩蛋糕麵糊

66% 黑巧克力 250 公克

無鹽奶油 200 公克＋份量

外烤模防沾用

室溫全蛋 320 公克（蛋 5 顆份）

細白砂糖 20 公克

糖粉 120 公克

米粉 90 公克 *

巧克力熔岩蛋糕麵糊

以隔水加熱法，用 50℃ 融化奶油和巧克力

攪打蛋液、細白砂糖和糖粉。

加入融化的奶油和巧克力。

加入過篩的米粉，用打蛋器混合均勻。

烘烤

烤箱預熱至 170℃（溫度 5/6）。

一人份烤模塗奶油防沾，用擠花袋擠入麵糊。烘烤 9 分鐘。

---

* 推薦使用水磨蓬萊米粉，口感較輕盈。

LE
NOISETTE
榛果

可製作 6 個

準備時間

前一天 2 小時
當天 35 分鐘

烘烤時間

30 分鐘

工具

20x12 公分不鏽鋼框模

榛果沙布雷

（前一天製作）

無鹽奶油 50 公克
榛果粉 50 公克
糖粉 50 公克
T55 麵粉 50 公克

杏仁海綿蛋糕

（前一天製作）

杏仁粉 80 公克
糖粉 80 公克
全蛋 95 公克（小型蛋 2 顆）
蛋白 90 公克（中型蛋 3 顆份）
細白砂糖 15 公克
無鹽奶油 15 公克
T45 麵粉 20 公克

占度亞慕斯

（前一天製作）

鮮乳 70 公克，全脂尤佳
香草莢 1/2 根
蛋黃 25 公克（大型蛋 1 顆）
精細白砂糖 20 公克
吉利丁 1 片
榛果占度亞 90 公克
液態鮮奶油 90 公克

榛果沙布雷

烤箱預熱至 165℃（溫度 5/6）。
桌上型攪拌機裝攪拌葉，將奶油攪打至硬挺的膏狀。同時混合榛果粉和糖粉，倒入膏狀奶油中。整體攪拌均勻後，少量多次加入麵粉。
麵團擀至 0.3 公分的塔皮，以框模切出 20x12 公分。
烤盤鋪烘焙紙，放上長方形塔皮，烘烤 25 分鐘。靜置冷卻。

杏仁海綿蛋糕

桌上型攪拌機裝攪拌球。混合杏仁粉和糖粉，然後倒入攪拌缸。
少量多次加入蛋液，將蛋糕打發至體積變成三倍。倒出麵糊，清潔攪拌缸。
打發蛋白，混入細白砂糖。融化奶油。用橡膠刮刀將融化奶油輕輕拌入杏仁蛋糊，然後拌入麵粉。最後加入打發蛋白。
烤箱預熱至 210℃（溫度 7）。烤盤鋪烘焙紙，倒入麵糊整平。烘烤 7 分鐘。靜置冷卻。

占度亞慕斯

先製作英式蛋奶醬。吉利丁放入一碗冰水中浸泡 20 分鐘。
牛奶和半根縱剖刮出籽的香草莢與籽放入鍋中煮至沸騰，離火後加蓋浸泡數分鐘。再度煮沸。
蛋黃和糖放入調理盆打發。取出牛奶中的香草莢，將完成浸泡的牛奶倒入蛋糖糊。整體倒回鍋中，以小火加熱至呈濃稠的奶醬質地（約 85℃）。離火，加入以雙手充分瀝乾的吉利丁。備用。
榛果巧克力切塊，將熱的英式蛋奶醬分三次淋在其上。以手持攪拌棒均質，靜置冷卻。用打蛋器打發冰涼的液態鮮奶油，輕輕拌入榛果巧克力蛋奶醬。冷藏備用

占度亞甘納許

（前一天製作）

液態鮮奶油 260 公克
66% 榛果巧克力 110 公克
葡萄糖漿 10 公克
吉利丁 2 片

批覆用榛果牛奶巧克力

切碎的杏仁 40 公克
牛奶巧克力 210 公克
葵花油 45 公克

組合

金箔

占度亞甘納許

吉利丁放入一碗冰水中浸泡 20 分鐘。

將 70 公克的鮮奶油和葡萄糖漿放入鍋中，煮至沸騰。離火，加入用手充分瀝乾的吉利丁。熱鮮奶油分數次淋入事先融化的巧克力。整體進行乳化，以手持攪拌棒混合。最後加入其餘的冰涼鮮奶油（190 公克）。冷藏 12 個小時。

批覆用榛果牛奶巧克力

烤箱預熱至 210℃（溫度 7）

在鋪有烘焙紙的烤盤上，鋪上杏仁，然後在烤箱中烘烤至想要的顏色，大約 5 分鐘。將巧克力隔水加熱融化至 45℃ 。 然後加入葵花籽油和烤好的杏仁。放置備用。

組合

前一天，將榛果沙布雷放入 20x12 公分不鏽鋼框模。倒入少許占度亞慕斯。接著擺上事先切成框模尺寸的杏仁海綿蛋糕，然後再次倒入占度亞慕斯。放入冷凍庫。

整體冷凍後，切成六個 12x3 公分的長方形。冷凍保存至隔天。

製作當天，批覆用榛果牛奶巧克力放入鍋中加熱。榛果蛋糕放在網架上，用抹刀批覆巧克力。靜置室溫使其凝結。

占度亞甘納許放入調理盆打發。擠花袋裝斜口擠花嘴，在每塊蛋糕上擠出曲線形甘納許。

以少許金箔點綴。

「我們希望這道多層甜點

讓人有一口咬下榛果巧克力球的感覺：

柔滑濃郁的占度亞、香脆的榛果……」

TARTE
AUX MYRTILLES ET CASSIS
桑椹黑莓塔

可製作 6 個

準備時間
前一天 1 小時 30 分鐘
當天 1 小時

烘烤時間
15 分鐘

工具
直徑 7 公分塔圈 6 個

甜塔皮麵團
（前一天製作）
無鹽奶油 175 公克
杏仁粉 45 公克
糖粉 120 公克
鹽 1 小撮
T55 麵粉 290 公克
全蛋 70 公克（大型蛋 1 顆）

杏仁奶油
（前一天製作）
無鹽奶油 70 公克
糖粉 70 公克
卡士達粉 8 公克
杏仁粉 90 公克
室溫全蛋 50 公克（蛋 1 顆）
蘭姆酒 8 公克

糖煮黑醋栗
（前一天製作）
黑醋栗果泥 265 公克
葡萄糖漿 20 公克
細白砂糖 30 公克
NH 果膠 4 公克

甜塔皮麵團

桌上型攪拌機裝攪拌葉，將奶油攪打至軟化。
同時間，杏仁粉、糖粉和鹽放入調理盆混合，接著倒入奶油中攪拌。
整體攪拌均勻時，加入三分之一的蛋液和三分之一的麵粉，混合 1 分鐘。重複上述步驟，加入其餘的蛋液和麵粉。放速冰箱冷藏鬆弛。

杏仁奶油

製作前 30 分鐘從冰箱取出蛋，使其回復至室溫。
使用桌上型攪拌機，攪拌事先切小塊的奶油。依序加入：糖粉、卡士達粉，然後是杏仁粉。接著漸次加入蛋液。
整體攪拌均勻時，加入蘭姆酒。冷藏備用。

糖煮黑醋栗

黑醋栗果泥和葡萄糖漿放入鍋中加熱。混合糖和果膠，然後放入果泥。再度煮至沸騰。倒出果糊，靜置冷卻。冷藏至隔天。

112

黑醋栗馬斯卡彭奶霜
馬斯卡彭乳酪 140 公克
液態鮮奶油 280 公克
細白砂糖 75 公克
黑醋栗果泥 50 公克

香緹鮮奶油
液態鮮奶油 200 公克
糖粉 10 公克

組合
新鮮藍莓
銀箔

黑醋栗馬斯卡彭奶霜
桌上型攪拌機裝攪拌球，混合所有材料，然後以攪拌至略微打發。
冷藏備用。

香緹鮮奶油
以打蛋器打發液態鮮奶油。然後加入糖粉。冷藏備用

組合
甜塔皮麵團擀平，以直徑 11 公分圈模切片，鋪入直徑 7 公分的塔
圈。烤箱預熱至 175℃（溫度 5/6）。將杏仁奶油擠入塔底，塞入
幾顆完整藍莓。放入烤箱烘烤 15 分鐘。靜置冷卻。
接著在塔裡擠入與塔皮邊緣切齊的黑醋栗糊。擠花袋裝擠花嘴，
沿著塔邊擠一圈圓球狀黑醋栗馬斯卡彭奶霜。
香緹鮮奶油裝進另一個擠花袋，在中央擠一球鮮奶油。
最後放上一顆新鮮藍莓和少許銀箔裝飾。

3

1 和 2. 在塔中央擠一球香緹鮮奶油。
3. 擺上新鮮藍莓。
4 和 5. 以少許銀箔裝飾。

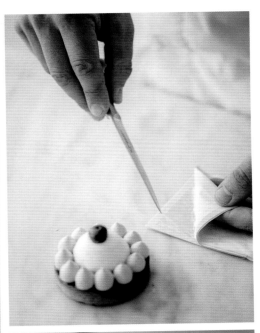

4
—
5

CLAFOUTIS
À LA PISTACHE ET CERISE
開心果櫻桃克拉芙緹

可製作 6 人份

準備時間
45 分鐘

烘烤時間
35 分鐘

工具
直徑 16 公分 Flexipan®
矽膠烤模一個

克拉芙緹麵糊
全蛋 115 公克（蛋 2 顆）
開心果粉 55 公克
紅糖 105 公克
T55 麵粉 40 公克
柳橙皮刨屑 5 公克
牛奶 110 公克
法式酸奶油 170 公克
香草莢 1 根

輕盈奶霜
馬斯卡彭乳酪 95 公克
液態鮮奶油 185 公克
糖 50 公克
香草莢 1 根

組合
新鮮櫻桃 600 公克
開心果粉 300 公克

克拉芙緹麵糊
烤箱預熱至 175℃（溫度 5/6）。
桌上型攪拌機裝攪拌葉，攪拌缸先放入開心果粉、紅糖、麵粉、柳橙皮刨屑和香草。
混合蛋液、牛奶和鮮奶油。
接著將蛋奶液慢慢倒入攪拌缸，不可過度攪拌。
立刻倒入矽膠烤模，放入烤箱烘烤 35 分鐘。
取出烤箱，靜置冷卻後脫模。

輕盈奶霜
鮮奶油少量多次加入馬斯卡彭乳酪，使其軟化。
香草莢縱剖刮出香草籽，香草籽與糖加入馬斯卡彭乳酪。
整體混合後冷藏備用。

組合
用抹刀為克拉芙緹抹上薄薄一層輕盈奶霜。
裹滿開心果粉。
用擠花袋在克拉芙緹上擠少許輕盈奶霜，以固定櫻桃。
櫻桃去核切半。
將櫻桃漂亮地擺放在奶霜上。

主廚的建議
可在克拉芙緹麵糊中加入杏仁奶。
可用覆盆子代替櫻桃。
選擇布拉特（burlat）品種的櫻桃，口感柔嫩多汁。

SAINT-HONORÉ
FRAMBOISES & ANIS VERT
覆盆子茴芹**聖多諾黑**

可製作 6 個

準備時間
前一天 3 小時
當天 1 小時

烘烤時間
50 分鐘

千層麵團
（前一天製作）
T45 麵粉 440 公克
鹽 8 公克
水 220 公克
無鹽奶油 330 公克

泡芙麵糊
鮮乳 190 公克，全脂尤佳
無鹽奶油 75 公克
細白砂糖 3 公克
細鹽 2.5 公克
T55 麵粉 90 公克
全蛋 140 公克（蛋 3 顆份）

糖煮茴芹覆盆子
覆盆子果泥 350 公克
細白砂糖 70 公克
葡萄糖漿 30 公克
NH 果膠 5 公克
青檸檬汁 40 公克
粉狀茴芹 2 公克

千層麵團

桌上型攪拌機裝攪拌勾，麵粉和鹽放入攪拌缸混合。
攪拌的同時，少量多次加水。
麵團整理成正方形，冷藏靜置 1 小時。
奶油放在正方形麵團中央。麵團兩邊向中線對折蓋住奶油。擀開完成第一折。重複此步驟三次，每完成一折，麵團必須冷藏一小時。冷藏備用。

泡芙麵糊

牛奶、切小塊的奶油、糖和鹽放入鍋中煮至沸騰。沸騰時，鍋子離火，加入過篩的麵粉。麵粉充分混合後，鍋子放回火上，以小火加熱。現在要不斷攪拌麵糊，加熱 3 分鐘至收乾糊化，使麵糊不再沾黏刮刀，形成與鍋子內壁輕鬆分離的球狀。
麵糊「收乾」後，倒入調理盆，少量多次加入蛋液混合，直到麵糊變得光滑均勻。以保鮮膜蓋起以免乾燥，放置室溫備用。

糖煮茴芹覆盆子

覆盆子果泥、50 公克的糖和葡萄糖漿放入鍋中加熱。
其餘的 20 公克糖和 NH 果膠另外混合。
果泥達到 60℃ 時，果膠和糖先拌勻後加入。煮至沸騰，離火後加入青檸檬汁和茴芹粉。冷藏備用。

3
—
4

1
—
2

1 和 2. 泡芙浸入焦糖。

3. 充分瀝去焦糖,只留下薄薄的焦糖層。

4. 上方以少許金箔點綴。

煮糖

糖 260 公克

水 120 公克

葡萄糖漿 65 公克

紅色色素

香緹鮮奶油

全脂液態鮮奶油 300 公克

糖粉 15 公克

組合

金箔（裝飾用）

煮糖

鍋中裝水和糖，煮至沸騰。接著加入葡萄糖漿，煮至 120℃。加入幾滴色素，然後煮至 155℃。離火靜置 3 分鐘，沾浸泡芙。

香緹鮮奶油

以打蛋器打發冰涼的鮮奶油。然後加入糖粉。冷藏備用。

組合

烤箱預熱至 165℃（溫度 5/6）。千層麵團擀至 0.15 公分的塔皮，塔皮翻面戳洞。烤盤鋪沾濕的烘焙紙，放上千層塔皮。

切出六個直徑 7 公分的圓片。每片塔皮上，沿著邊緣擠一條環狀泡芙麵糊。

擠六個直徑 2 公分的小泡芙麵糊，全部放入烤箱烘烤 40 分鐘。靜置冷卻。

擠花袋裝擠花嘴，在環狀泡芙中填入一部分糖煮茴芹覆盆子。環狀泡芙頂部浸入紅色焦糖。

置於中央的小泡芙填入剩下的糖煮茴芹覆盆子。擠上香緹鮮奶油，每個塔皮上擺一顆泡芙。用刀尖取少許金箔裝飾。

主廚的建議

可用接骨木花或綠茶代替茴芹。

焦糖達到溫度時，將鍋子浸入大盆冷水，如此可使糖停止繼續升溫，維持漂亮的紅色。

LE
TOOCHOCO
超巧克力

可製作 6 個

準備時間
前一天 25 分鐘
當天 1 小時 30 分鐘

烘烤時間
20 分鐘

巧克力甘納許
（前一天製作）
液態鮮奶油 130 公克
67% 巧克力 110 公克
無鹽奶油 35 公克

杏仁可可餅
杏仁粉 105 公克
可可粉 30 公克
T55 麵粉 5 公克
細白砂糖 190 公克
蛋白 170 公克（蛋 5～6 顆份）
可可碎粒 20 公克
糖粉

巧克力片
61% 黑巧克力 200 公克

巧克力甘納許
液態鮮奶油放入鍋中，煮至沸騰。
熱鮮奶油分數次澆淋在事先切碎的巧克力上。加入室溫奶油，以手持攪拌棒均質混和。冷藏 12 個小時。

杏仁可可餅
用食物調理機研磨杏仁粉、可可粉、麵粉及 140 公克的糖。
蛋白與其餘的糖（50 公克）打發，輕輕拌入粉類材料。
烤箱預熱至 175℃（溫度 5/6）。
烤盤鋪烘焙紙，擠花袋裝擠花嘴，在烤盤上擠出 12 個 6.5 公分的圓形麵糊。
麵糊上撒糖粉，一半的圓形麵糊上均勻鋪撒可可碎粒。
烘烤 15 分鐘，靜置冷卻。

巧克力片
隔水加熱巧克力。
巧克力調溫：在矽膠墊或巧克力膠片上，將巧克力抹平至 0.1 公分。靜置冷卻數分鐘。
接著切割六片邊長 7 公分的正方形。冷藏備用。

組合
加熱甘納許至膏狀質地。
在沒有可可碎粒的六片杏仁可可餅上擠甘納許。
放上 1 片巧克力，擠少許甘納許，蓋上另一片杏仁可可餅。即可享用。

LE
KOUIGN-AMANN
焦糖奶油阿曼

可製作 6 人份

準備時間

3 小時

烘烤時間

1 小時

工具

一個直徑 22 公分的不鏽鋼圈模

麵團

T45 麵粉 330 公克

細鹽 10 公克

水 200 公克

麵包酵母 5 公克

無鹽奶油 280 公克

細白砂糖 160 公克

麵團

桌上型攪拌機裝攪拌勾，混合麵粉和鹽。接著依序加入水，然後是酵母。用 1 段速攪拌 5 分鐘，然後調高速度攪打 12 分鐘。

工作檯撒麵粉防沾黏，放上麵團，擀成長方形。冷藏鬆弛 30 分鐘。

加入折疊用奶油：將奶油放在長方形麵團的中央，將兩端麵團向中央折起蓋住奶油。冷藏鬆弛 1 小時。

再度擀開麵團，然後進行第一次折疊。重複此步驟兩次，每一次完成後麵團都要冷藏 1 小時。最後一次折疊時加入糖。

烘烤

麵團擀至 0.5 公分厚。

切成邊長 8 公分的長方形。每片麵團的角折向中央，放入不鏽鋼圈模。放進預熱至 30℃（溫度 1）的烤箱發酵，關掉烤箱。

取出焦糖奶油阿曼，將烤箱溫度提高至 175℃（5/6 段溫）。

放入烤箱烘烤 1 小時。

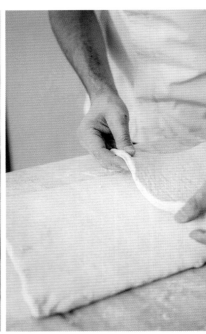

1 | 2 | 3

「**麵團和奶油**！最單純的食材，

　但是精心製作，焦糖奶油阿曼也可以變得更誘人，簡直難以抗拒！」

6—7

4—5

1. 擀開焦糖奶油阿曼的麵團。
2. 麵團鬆弛後加入奶油。
3. 折起麵團完成第一次折疊。
4. 進行第二次折疊。
5. 撒糖。
6. 擀平進行最後一次折疊。
7. 折起最後一邊完成麵團。

LE
4HEURES
點心時間

可製作 6 個

準備時間

前一天 30 分鐘
當天 30 分鐘

烘烤時間

20 分鐘

布里歐修麵團
　（前一天製作）

T45 麵粉 280 公克
細白砂糖 30 公克
細鹽 6 公克
麵包酵母 12 公克
全蛋 186 公克（中型蛋 3 顆）
無鹽奶油 225 公克

上色用蛋液

蛋 1 顆＋蛋黃 1 個
水 1 大匙

巧克力片

牛奶巧克力 180 公克
榛果牛奶占度亞 20 公克

布里歐修麵團

桌上型攪拌機裝攪拌勾，使用 1 段速混合麵粉、糖、鹽，然後放入酵母。

逐次加入蛋液，混合至麵團均勻。接著以 2 段速攪拌麵團，直到麵團不沾黏攪拌缸內壁。

以 1 段速攪拌麵團，加入切小丁的奶油，攪拌至整體混合均勻，接著改為 2 段速攪拌至麵團不沾黏攪拌缸內壁。麵團靜置室溫 1 小時。擀至 1 公分厚，放入冰箱冷卻 1 小時。

切成 13x4 公分的長方形。冷藏鬆弛 12 小時。

上色用蛋液

所有材料放入碗裡混合。冷藏備用。

巧克力片

以隔水加熱法融化巧克力。

巧克力進行調溫：在矽膠墊或巧克力膠片上，用抹刀將巧克力塗抹至 0.5 公分厚。靜置冷卻數分鐘。

巧克力切成與布里歐修相同的長度。室溫備用。

組合

製作當天，烤箱預熱至 30℃（溫度 1），關掉烤箱等待 5 分鐘。烤盤鋪烘焙紙，放上布里歐修麵團，送入烤箱發酵 25 分鐘。

取出布里歐修，溫度提高至 165℃（5/6 段溫度）。用刷子沾上色用蛋液塗刷布里歐修，烘烤 20 分鐘。靜置冷卻，然後將每個布里歐修橫剖為二，夾入巧克力片。

BRIOCHE
AU SUCRE
珍珠糖 布里歐修

可製作 10 個

準備時間

前一天 30 分鐘
當天 1 小時

烘烤時間

20 分鐘

布里歐修麵團

（前一天製作）

T45 麵粉 280 公克
細白砂糖 30 公克
細鹽 0.6 公克
麵包酵母 12 公克
全蛋 186 公克（中型蛋 3 顆）
無鹽奶油 225 公克

上色用蛋液

蛋 1 顆＋蛋黃 1 個
水 1 大匙

烘烤

粗粒珍珠糖 100 公克

布里歐修麵團

桌上型攪拌機裝攪拌勾，使用 1 段速混合麵粉、糖、鹽，然後放入酵母。

逐次加入蛋液，混合至麵團均勻。接著以 2 段速攪拌麵團，直到麵團不沾黏攪拌缸內壁。

以 1 段速攪拌麵團，加入切小丁的奶油，攪拌至整體混合均勻，接著改為 2 段速攪拌至麵團不沾黏攪拌缸內壁。

麵團靜置室溫 1 小時，然後切分成 10 個球狀麵團。以保鮮膜包起，冷藏鬆弛 12 小時。

上色用蛋液

所有材料放入碗裡混合。冷藏備用。

組合

製作當天，烤箱預熱至 30℃（溫度 1），關掉烤箱等待 5 分鐘。

烤盤鋪烘焙紙，放上布里歐修麵團，送入烤箱發酵 25 分鐘。

取出布里歐修，溫度提高至 165℃（5/6 段溫度）。用刷子沾上色用蛋液塗刷布里歐修，撒上珍珠糖。

烘烤 20 分鐘。

1. 布里歐修麵團刷蛋液。 **2.** 烘烤前撒上珍珠糖。

BRIOCHE
GIANDUJA
占度亞**布里歐修**

可製作 10 個

準備時間

前一天 1 小時
當天 1 小時

烘烤時間

20 分鐘

布里歐修麵團

（前一天製作）

T45 麵粉 280 公克
細白砂糖 30 公克
細鹽 6 公克
麵包酵母 12 公克
全蛋 186 公克（中型蛋 3 顆）
無鹽奶油 225 公克

可可沙布雷

（前一天製作）

T45 麵粉 145 公克
可可粉 25 公克
細白砂糖 100 公克
無鹽奶油 70 公克
全蛋 48 公克（小型蛋 1 顆）

占度亞抹醬

（前一天製作）

牛奶榛果巧克力 100 公克
牛奶巧克力 55 公克
黑巧克力 20 公克
液態鮮奶油 150 公克
葡萄糖漿 15 公克

布里歐修麵團

桌上型攪拌機裝攪拌勾，使用 1 段速混合麵粉、糖、鹽，然後放入酵母。

逐次加入蛋液，混合至麵團均勻。接著以 2 段速攪拌麵團，直到麵團不沾黏攪拌缸內壁。

以 1 段速攪拌麵團，加入切小丁的奶油，攪拌至整體混合均勻，接著改為 2 段速攪拌至麵團不沾黏攪拌缸內壁。

麵團靜置室溫 1 小時，然後切分成 10 個球狀麵團。以保鮮膜包起，冷藏鬆弛 12 小時。

可可沙布雷

麵粉和可可粉一起過篩。

桌上型攪拌機裝攪拌葉，混合糖和切小丁的奶油。少量多次加入蛋液，然後加入過篩的粉類。不可過度攪拌麵團。

麵團放在烘焙紙上擀薄，用直徑 6 公分切模切出 10 個圓片。冷藏保存至隔天。

占度亞抹醬

將三種巧克力切碎。

鮮奶油和葡萄糖漿放入鍋中，煮至沸騰。慢慢澆淋在巧克力上。以手持攪拌棒均質混和，冷藏 12 小時。

上色用蛋液

蛋 1 顆＋蛋黃 1 個
水 1 大匙

上色用蛋液

所有材料放入碗裡混合。冷藏備用。

烘烤

製作當天，烤箱預熱至 30℃（溫度 1），關掉烤箱等待 5 分鐘。
烤盤鋪烘焙紙，放上布里歐修麵團，送入烤箱發酵 25 分鐘。
取出布里歐修，溫度提高至 165℃（5/6 段溫度）。用刷子沾上色
用蛋液塗刷布里歐修，貼上可可沙布雷圓片。
烘烤 20 分鐘。靜置冷卻。
布里歐修溫熱時，以擠花袋填入占度亞抹醬。

「用手指撕開這些小小的布里歐修，

看見裡面的流心占度亞，多幸福呀⋯⋯真是太美味了！」

ŒUF À LA NEIGE
À LA VANILLE, CRÈME VERVEINE

香草漂浮島佐馬鞭草蛋奶醬

可製作 6 份

準備時間
1 小時

烘烤時間
5 分鐘

工具
直徑 4.5 公分矽膠半圓多連模

打發蛋白
蛋白 115 公克（蛋 4 顆份）
糖 35 公克
香草莢 1/2 根

馬鞭草英式蛋奶醬
牛奶 215 公克
蛋黃 80 公克
糖 55 公克
香草莢 1 根
鮮奶油 145 公克
乾燥馬鞭草 10 公克

組合
杏仁片

打發蛋白
桌上型攪拌機裝攪拌球，將蛋白打發。
接著加入糖和事先縱剖刮出的香草籽。
多連模略微上油，填入打發蛋白，用微波爐加熱 15 秒。
脫模，冷藏備用。

馬鞭草英式蛋奶醬
牛奶和鮮奶油放入鍋中混合，煮至沸騰。
加入馬鞭草，浸泡 20 分鐘。
過篩後，重新煮沸。
混合蛋黃、糖和香草籽。
牛奶沸騰時，倒入蛋黃糖糊混合均勻，再度加熱至 83℃。
倒出，冷藏冷卻。

組合
將兩顆半圓蛋白組合成球形。
—— 貼上杏仁片。
放入盤中，注入馬鞭草英式蛋奶醬。

1. 每片杏仁片上塗少許白巧克力，以便黏著。 **2.** 杏仁片以略微傾斜的角度排列整齊。

主廚的建議

可用開心果粉或粉紅堅果糖（pralines roses）取代杏仁片。打發
蛋白最後製作最為理想。

ROULÉ CITRON
ET PRALINÉ
黃檸檬帕林內蛋糕捲

可製作 6 人份

準備時間
前一天 30 分鐘
當天 1 小時 15 分鐘

烘烤時間
30 分鐘

蛋糕捲
牛奶 140 公克
無鹽奶油 100 公克
麵粉 140 公克
蛋黃 170 公克（中型蛋 10 顆份）
全蛋 100 公克（中型蛋 2 顆份）
蛋白 200 公克（小型蛋 7 顆份）
細白砂糖 120 公克

黃檸檬甘納許
（前一天製作）

液態鮮奶油 340 公克
有機黃檸檬皮刨屑 12 公克
吉利丁 2 片
青檸檬果泥 80 公克
黃檸檬汁 40 公克
調溫白巧克力 90 公克
可可脂 6 公克

帕林內
榛果 190 公克
細白砂糖 120 公克
水 35 公克
細鹽 1 小撮

蛋糕捲

烤箱預熱至 180℃（溫度 6）。

牛奶和奶油放入鍋中煮至沸騰。整體沸騰時，離火加入麵粉混合。放回火上加熱，使麵糊糊化。倒出麵糊。

在麵糊中慢慢加入蛋黃與全蛋並混合。桌上型攪拌機裝攪拌球，打發蛋白。加入糖。將打發蛋白分次輕輕拌入麵糊。

烤盤鋪烘焙紙，抹平麵糊。烘烤 20 分鐘後取出，靜置冷卻。

黃檸檬甘納許

前一天，將一半的鮮奶油（170 公克）煮至溫熱，放入黃檸檬皮刨屑浸泡 15 分鐘。過篩。

吉利丁放入一碗冰水中浸泡 20 分鐘。青檸檬果泥和黃檸檬汁加熱至 25℃。

融化巧克力，然後加入切碎的可可脂。

加熱剩下的鮮奶油（170 公克），離火放入充分瀝乾的吉利丁。分三次淋入巧克力，攪拌至乳化。加入黃檸檬汁與青檸檬果泥均質混和。最後加入浸泡過的鮮奶油。冷藏備用。

帕林內

烤箱預熱至 210℃（溫度 7）。烤盤鋪烘焙紙，鋪開榛果，烘烤約 8 分鐘，直到呈現想要的顏色。

水和糖放入鍋中加熱至 117℃。倒入烘烤過的榛果和鹽。用橡膠刮刀一邊攪拌一邊使其冷卻。。

榛果裹上糖後，繼續加熱至糖轉為褐色。

立即倒出鋪平。靜置冷卻，分成兩份。其中一份打碎成粉狀，另一份攪打至糊狀。放置室溫備用。

組合

去除蛋糕捲的烘焙紙，用抹刀抹上薄薄一層帕林內糊。

桌上型攪拌機裝攪拌球，打發黃檸檬甘納許。立即抹在蛋糕的帕林內糊上。捲起蛋糕，冷藏靜置 1 小時。

從冷藏室取出時，蛋糕捲迅速放入帕林內粉滾動，裹滿帕林內粉。

「這是一款主廚蛋糕，技術性高且令人驚艷：
對質地的要求、檸檬風味的平衡度、賞心悅目的外觀⋯⋯」

À CROQUER

獨享甜點

À
CROQUER
獨享甜點

偷偷摸摸，嘴饞的小確幸，
一人獨享的美味，
令人無法招架、一口吞下的甜點，
想吃就吃，誰也不知道⋯⋯

珍珠糖泡芙、可頌、餅乾、巧克力可頌、葡萄麵
包、修女泡芙、閃電泡芙、馬卡龍⋯⋯
金黃的外皮、令人雀躍的色彩⋯⋯這些甜蜜的承諾
有如魅力無法擋的情人⋯⋯只要一口，壞心情立刻
煙消雲散⋯⋯蛋糕就是當之無愧的休息時光。

CHOUQUETTES
珍珠糖泡芙

可製作 40 個

準備時間
35 分鐘

烘烤時間
30 分鐘

泡芙麵糊
鮮乳 285 公克，全脂尤佳
無鹽奶油 110 公克
細白砂糖 4.5 公克
細鹽 3 公克
T55 麵粉 135 公克
全蛋 210 公克（蛋 3 或 4 顆份）
珍珠糖 500 公克

泡芙麵糊

牛奶、預先切小塊的奶油、糖和鹽放入鍋中煮至沸騰。

沸騰時，鍋子離火，加入過篩的麵粉。麵粉充分混合後，鍋子放回火上，以小火加熱。現在要不斷攪拌麵糊，加熱 3 分鐘至收乾糊化，使麵糊不再沾黏刮刀，形成與鍋子內壁輕鬆分離的球狀。麵糊「收乾」後，倒入調理盆，少量多次加入蛋液混合，直到麵糊變得光滑均勻。

烘烤

烤箱預熱至 210℃（溫度 7）。

烤盤鋪烘焙紙，擠花袋裝擠花嘴，將泡芙麵糊擠成直徑 3 公分的圓球。注意麵糊之間預留充分空間，以免烘烤時膨脹相黏。

烘烤前，每顆泡芙麵糊上撒珍珠糖，然後烘烤 25 至 30 分鐘。

1 和 2. 每個珍珠糖泡芙麵糊之間保留空間。 **3.** 在泡芙麵糊上撒珍珠糖。

COOKIES
AUX 2 CHOCOLATS
雙重巧克力美式餅乾

可製作 20 個

準備時間
50 分鐘

烘烤時間
10 分鐘

餅乾麵團
紅糖 120 公克
細白砂糖 120 公克
T45 麵粉 300 公克
泡打粉 6 公克
無鹽奶油 175 公克
全蛋 75 公克（大型蛋 1 顆份）
牛奶巧克力 190 公克
黑巧克力 190 公克

餅乾麵團
桌上型攪拌機裝攪拌葉，混合兩種糖、麵粉和泡打粉。
加入切小塊的奶油，然後逐次加入蛋液。接著放入切碎的巧克力，小心拌勻。
麵團放上工作檯，整理成直徑 5 公分的長條型。
以保鮮膜裹起麵團，冷藏 30 分鐘。

烘烤
烤箱預熱至 170℃（溫度 5/6）。
長條麵團變硬時，切 2.5 公分左右的厚片。
烤盤鋪烘焙紙，放上餅乾，預留充分空間，放入烤箱烘烤 10 分鐘。
靜置冷卻。

主廚的建議
可用初階細金砂糖（sucre vergeoise）代替紅糖。
可用 100% 巧克力或 100% 牛奶巧克力製作這款餅乾。剛出爐時，可用圈模讓餅乾變得更圓整。

CROISSANT
可頌

可製作 6 個

準備時間
前一天 3 小時
當天 2 小時 30 分鐘

烘烤時間
25 分鐘

可頌麵團
（前一天製作）

T45 麵粉 1 公斤
細白砂糖 125 公克
無鹽奶油 70 公克
細鹽 20 公克
水 300 公克
麵包酵母 45 公克
鮮乳 210 公克，全脂尤佳
片裝奶油（beurre de
tourage）680 公克

上色用蛋液

蛋 1 顆＋蛋黃 1 個
水 1 大匙

可頌麵團

前一天，桌上型攪拌機裝攪拌勾，混合糖、切小塊的冰涼奶油、麵粉、鹽。

接著依序加入：水、酵母、牛奶。

以慢速攪拌麵團約 4 分鐘，然後提高速度攪拌 3 分鐘。

工作檯撒麵粉防沾，放上麵團。

將麵團擀成長方形。將奶油放在麵團中間，兩端的麵團折疊覆蓋在奶油上。冷藏鬆弛 1 小時。

再次擀開麵團，進行第一次折疊。重複折疊兩次，每一次完成後都要冷藏 1 小時。冷藏備用。

上色用蛋液

所有材料放入碗裡混合。冷藏備用。

組合

擀平麵團，切成底邊 10 公分、長邊 16 公分的三角形。從底邊往上捲到尖角。

可頌放在烤盤上，靜置室溫發酵 2 小時。

烤箱預熱至 180℃（溫度 6）。

用刷子沾上色用蛋液塗刷可頌，烘烤 20 至 25 分鐘。

靜置冷卻。

主廚的建議

「甜點就是日常的幸福。」

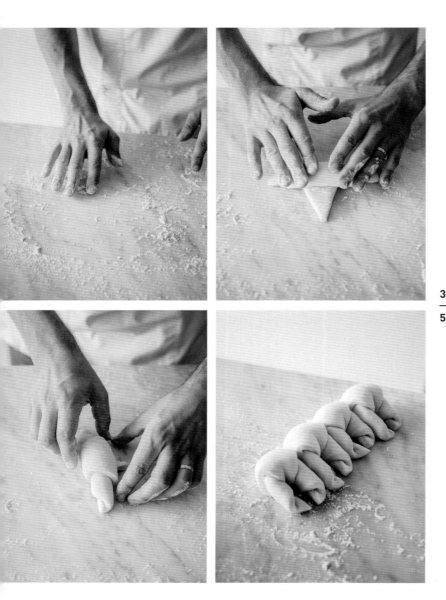

3 4
—
5 6

前頁：**1.** 工作檯撒麵粉。**2.** 切割可頌麵團。**3 和 4.** 捲起可頌。**5.** 凹折可頌，整理形狀。**6.** 緊密排放以維持形狀。

CHOCOLATINE
巧克力可頌

可製作 10 個

準備時間
前一天 3 小時
當天 2 小時 30 分鐘

烘烤時間
25 分鐘

可頌麵團
（前一天製作）

T45 麵粉 1 公斤
細白砂糖 125 公克
無鹽奶油 70 公克
細鹽 20 公克
水 300 公克
麵包酵母 45 公克
鮮乳 210 公克，全脂尤佳
片裝奶油（beurre de tourage）680 公克

上色用蛋液
蛋 1 顆＋蛋黃 1 個
水 1 大匙

組合
巧克力棒 20 個

可頌麵團

前一天，桌上型攪拌機裝攪拌勾，混合糖、切小塊的冰涼奶油、麵粉、鹽。
接著依序加入：水、酵母、牛奶。
以慢速攪拌麵團約 4 分鐘，然後提高速度攪拌 3 分鐘。
工作檯撒麵粉防沾，放上麵團。
將麵團擀成長方形。將奶油放在麵團中間，兩端的麵團折疊覆蓋在奶油上。冷藏鬆弛 1 小時。
再次擀開麵團，進行第一次折疊。重複折疊兩次，每一次完成後都要冷藏 1 小時。冷藏備用。

上色用蛋液

所有材料放入碗裡混合。冷藏備用。

組合

擀開麵團，切成十個 8x12 公分的長方形。
每片長方形上放兩條巧克力棒，捲起。
巧克力可頌放在烤盤上，靜置於室溫發酵 2 小時。
烤箱預熱至 180℃（溫度 6）。
用刷子沾上色用蛋液塗刷巧克力可頌，烘烤 20 至 25 分鐘。
靜置冷卻。

PAIN
AUX RAISINS
葡萄乾麵包

可製作 10 個

準備時間

前一天 3 小時
當天 1 小時

烘烤時間

50 分鐘

可頌麵團

（前一天製作）

T45 麵粉 500 公克
細白砂糖 60 公克
無鹽奶油 35 公克
細鹽 12 公克
水 140 公克
麵包酵母 20 公克
鮮乳 100 公克，全脂尤佳
片裝奶油（beurre de
tourage）240 公克

杏仁奶油

杏仁粉 160 公克
無鹽奶油 125 公克
糖粉 125 公克
卡士達粉 15 公克
蛋液 90 公克（中型蛋 2 顆），室溫
蘭姆酒 15 公克

可頌麵團

前一天，桌上型攪拌機裝攪拌勾，混合糖、切小塊的冰涼奶油、
麵粉、鹽。
接著依序加入：水、酵母、牛奶。
以慢速攪拌麵團約 4 分鐘，然後提高速度攪拌 3 分鐘。
工作檯撒麵粉防沾，放上麵團。
將麵團擀成長方形。將奶油放在麵團中間，兩端的麵團折疊覆蓋
在奶油上。冷藏鬆弛 1 小時。
再次擀開麵團，進行第一次折疊。重複折疊兩次，每一次完成後
都要冷藏 1 小時。冷藏備用。

杏仁奶油

製作前 30 分鐘將蛋取出冰箱，使其回復至室溫。
將事先切小塊的奶油放入攪拌機攪打。依序放入糖粉、卡士達粉、
杏仁粉。接著一次一顆份，加入蛋液。
整體混合均勻後，加入蘭姆酒。冷藏備用。

食譜接下頁

香草卡士達

鮮乳 150 公克，全脂尤佳
香草莢 1/2 根
蛋黃 25 公克（蛋 1 顆份）
細白砂糖 30 公克
T55 麵粉 10 公克
卡士達粉 5 公克
無鹽奶油 15 公克

糖漿

糖 100 公克
水 100 公克

組合

葡萄乾 230 公克

香草卡士達

牛奶放入鍋中加熱至微微沸騰。放入半根縱剖刮出籽的香草莢，加蓋浸泡 15 分鐘。

另取一個容器，放入蛋黃、糖、麵粉和卡士達粉。牛奶過篩，倒入蛋糊混合。整體倒回鍋裡重新煮沸，然後續煮 3 分鐘，期間不停攪拌。加入奶油混合。倒出鍋子，冷藏備用。

糖漿

糖和水放入鍋中，煮成糖漿，靜置冷卻。

組合

麵團擀至 0.3 公分。

用橡皮刮刀攪拌均勻卡士達，然後是杏仁奶油，接著將兩者混合均勻，抹在麵團上。均勻撒上葡萄乾。

緊緊捲起麵團，用保鮮膜蓋起，冷藏 1 小時

烘烤

烤箱預熱至 30℃（溫度 1）。

麵團切成 2.5 公分的厚片。烤盤鋪烘焙紙，放上葡萄乾麵包。烤箱關火，放入麵包 30 分鐘。

取出葡萄乾麵包。烤箱預熱至 175℃（溫度 5/6），放進麵包烘烤 25 分鐘。

出爐時，用刷子沾取糖漿塗刷葡萄乾麵包，增添光澤。

PALMIER
À LA VANILLE
香草蝴蝶酥

可製作 10 個

準備時間
前一天 3 小時
當天 1 小時

烘烤時間
30 分鐘

千層麵團
（前一天製作）
麵粉 440 公克
鹽 8 公克
水 220 公克
奶油 330 公克

組合
細白砂糖 800 公克
香草莢 3 根

千層麵團
桌上型攪拌機裝攪拌勾，麵粉和鹽放入攪拌缸混合。
攪拌的同時，少量多次加水。
麵團整理成正方形，冷藏靜置 1 小時。
奶油放在正方形麵團中央。麵團兩邊向中線對折蓋住奶油。擀開完成第一折。重複此步驟三次，每完成一折，麵團必須冷藏一小時。冷藏備用。

組合
製作當天，香草莢縱剖刮出香草籽，與糖混合。
打開前一天製作的千層麵團，撒上一半香草糖。
完成一次折疊後，撒上其餘的香草糖。
再次將麵團擀至 60 公分。

兩端向中央對折，再次折成蝴蝶酥的形狀。
冷藏鬆弛 1 小時。

烤箱預熱至 210℃（溫度 7）。
蝴蝶酥切 1 公分厚。
烤盤鋪烘焙紙，放上蝴蝶酥，烘烤 25 分鐘。
靜置冷卻。

MADELEINES
AU MIEL

蜂蜜瑪德蓮

可製作 20 個

準備時間
前一天 30 分鐘
當天 15 分鐘

烘烤時間
10 分鐘

瑪德蓮麵糊
（提前 24 小時製作）

無鹽奶油 200 公克
有機柳橙皮刨屑 1 顆份
細白砂糖 195 公克
百花蜜 20 公克
室溫全蛋 200 公克（蛋 3 顆）
T45 麵粉 200 公克
泡打粉 6 公克

烘烤
無鹽奶油

瑪德蓮麵糊

奶油放入鍋中，加熱融化至 70℃。
用打蛋器混合糖和柳橙皮刨屑。加入蜂蜜和室溫蛋液。
桌上型攪拌機裝攪拌球，混合已過篩的麵粉和泡打粉。接著少量多次混入蛋液。
以慢速攪拌，最後加入溫熱的融化奶油。
麵糊放入冷藏室鬆弛 24 小時。

烘烤

製作當天，烤箱預熱至 175℃（溫度 5/6）。
瑪德蓮模塗奶油防沾，以擠花袋填入麵糊。
烘烤 8 至 10 分鐘。

主廚的建議
可用蕎麥蜂蜜代替百花蜜。模具塗奶油後，撒上薄薄一層麵粉，可幫助脫模。麵糊不可攪拌過度，以免瑪德蓮口感過硬。

MADELEINES
AUX FRAMBOISES
覆盆子瑪德蓮

可製作 20 個

準備時間

前一天 45 分鐘

當天 15 分鐘

烘烤時間

15 分鐘

工具

瑪德蓮烤模

瑪德蓮麵糊

（前一天製作）

T45 麵粉 200 公克

糖 195 公克

奶油 200 公克

室溫全蛋 200 公克（蛋 3 至 4 顆）

泡打粉 6 公克

覆盆子果醬

新鮮覆盆子 110 公克

覆盆子果泥 70 公克

糖 30 公克

NH 果膠 3 公克

瑪德蓮麵糊

奶油放入鍋中，加熱融化至 70℃。

用打蛋器混合事先回溫至室溫的蛋液和糖。

桌上型攪拌機裝攪拌球，混合已過篩的麵粉和泡打粉。

接著少量多次倒入蛋糖糊。

以慢速攪拌。

接著加入溫熱的融化奶油。

放入冷藏室鬆弛 24 小時。

覆盆子果醬

覆盆子和覆盆子果泥放入鍋中加熱。

混合糖和果膠。

覆盆子微微沸騰時，加入糖和果膠。

煮沸 1 分鐘。

倒出，放入冰箱冷卻 25 分鐘。

烘烤

製作當天，烤箱預熱至 175℃（溫度 5/6）。

瑪德蓮模塗奶油防沾，以擠花袋填入麵糊。

烘烤 8 至 10 分鐘。

瑪德蓮仍溫熱時，以擠花袋在每個瑪德蓮中填入覆盆子果醬。

RELIGIEUSE
AU CHOCOLAT
巧克力修女泡芙

可製作 6 個

準備時間

前一天 1 小時
當天 30 分鐘

烘烤時間

45 分鐘

工具

直徑 6 公分半圓形
PC 巧克力模 1 個

泡芙麵糊

鮮乳 190 公克，全脂尤佳
無鹽奶油 75 公克
細白砂糖 3 公克
細鹽 2.5 公克
T55 麵粉 90 公克
全蛋 140 公克（蛋 3 顆份）

脆皮

（前一天製作）

無鹽奶油 150 公克
細白砂糖 150 公克
杏仁粉 150 公克
T55 麵粉 50 公克

黑巧克力奶霜

（前一天製作）

全脂鮮乳 150 公克
液態鮮奶油 150 公克
蛋黃 50 公克（蛋 3 份）
細白砂糖 20 公克
調溫黑巧克力 130 公克

黑巧克力脆殼

黑巧克力 500 公克

泡芙麵糊

牛奶、預先切小塊的奶油、糖和鹽放入鍋中煮至沸騰。沸騰時，鍋子離火，加入過篩的麵粉。麵粉充分混合後，鍋子放回火上，以小火加熱。現在要不斷攪拌麵糊，加熱 3 分鐘至收乾糊化，使麵糊不再沾黏刮刀，形成與鍋子內壁輕鬆分離的球狀。

麵糊「收乾」後，倒入調理盆，少量多次加入蛋液混合，直到麵糊變得光滑均勻。以保鮮膜蓋起以免乾燥，放置室溫備用。

脆皮

桌上型攪拌機裝攪拌葉，將奶油攪拌至軟化，然後少量多次加入粉類材料（糖、杏仁粉、麵粉）。

麵團擀至極薄，放入冷凍庫至隔天。

製作當天，切六片直徑 5 公分的圓片與六片直徑 2 公分的圓片。烤箱預熱至 180℃（溫度 6）。

烤盤鋪烘焙紙，充分間隔，擠出六個直徑 6 公分與六個直徑 2 公分的泡芙麵糊，並在麵糊上擺放脆皮圓片。烘烤 45 分鐘。烤至 30 分鐘時，可用湯匙或其他物品卡住烤箱門，使其露出縫隙。靜置冷卻。

黑巧克力奶霜

牛奶和鮮奶油放入鍋中加熱。

蛋黃和糖放入調理盆快速攪打，倒入熱奶類攪拌，然後整體倒回鍋中，加熱至 85℃。切碎巧克力。將英式蛋奶醬分數次澆淋在切碎的巧克力上，攪拌使其乳化。以手持攪拌棒均質，備用。

黑巧克力脆殼

隔水加熱融化巧克力，進行調溫：巧克力倒在矽膠墊或巧克力膠片上，以抹刀抹至 0.1 公分。靜置冷卻數分鐘。

倒入半圓模製作脆殼，然後另外抹出兩道長 15 公分寬 2 公分的帶狀。靜置 3 分鐘凝結，然後將巧克力做成想要的圓弧造型。

組合

切去大泡芙的頂部，用擠花袋填入巧克力奶霜。貼上黑巧克力脆殼，然後放上夾在緞帶造型巧克力中的小泡芙。

ÉCLAIR
MONT-BLANC
蒙布朗閃電泡芙

可製作 6 個

準備時間
前一天 30 分鐘
當天 2 小時

烘烤時間
2 小時

工具
蒙布朗花嘴 1 個

泡芙麵糊
鮮乳 190 公克，全脂尤佳
無鹽奶油 75 公克
細白砂糖 3 公克
細鹽 2.5 公克
T55 麵粉 90 公克
全蛋 140 公克（蛋 3 顆份）

法式蛋白霜
蛋白 60 公克（中型蛋 2 顆份）
細白砂糖 60 公克
糖粉 60 公克

栗子奶霜
（前一天製作）
液態鮮奶油 216 公克
白巧克力 54 公克
糖漬栗子醬
（crème de marrons）65 公克
吉利丁 1 片

栗子糊
栗子泥 238 公克
糖漬栗子醬 80 公克
無鹽奶油 80 公克
威士忌 8 公克

組合
糖漬栗子
銀箔

泡芙麵糊

牛奶、切小塊的奶油、糖和鹽放入鍋中煮至沸騰。沸騰時，鍋子離火，加入過篩的麵粉。麵粉充分混合後，鍋子放回火上，以小火加熱。現在要不斷攪拌麵糊，加熱 3 分鐘至收乾糊化，使麵糊不再沾黏刮刀，形成與鍋子內壁輕鬆分離的球狀。
麵糊「收乾」後，倒入調理盆，少量多次加入蛋液混合，直到麵糊變得光滑均勻。以保鮮膜蓋起以免乾燥，放置室溫備用。

法式蛋白霜

桌上型攪拌機裝攪拌球，打發蛋白。加入細白砂糖繼續打發至蛋白細滑緊實。糖粉過篩，以橡膠刮刀拌入打發蛋白。
烤盤鋪烘焙紙，以擠花袋將蛋白霜擠成 13 公分的長條狀。放入烤箱以 90℃（溫度 3）烘烤 1 小時至乾燥。

栗子奶霜

吉利丁放入一碗冰水浸泡 20 分鐘。
鮮奶油放入鍋中煮至沸騰，離火，加入充分瀝乾的吉利丁。分三次澆淋在巧克力和糖漬栗子醬上，攪拌至乳化。冷藏 12 小時。

栗子糊

桌上型攪拌機裝攪拌葉，將栗子泥攪拌至鬆軟滑順。加入糖漬栗子醬。加熱威士忌。接著將在室溫下軟化的奶油和威士忌倒入栗子糊攪拌均勻。栗子糊過篩以去除顆粒。

組合

烤箱預熱至 180℃（溫度 6）。烤盤鋪烘焙紙，擠出 13 公分的長條狀泡芙麵糊。烘烤 45 分鐘。烤至 30 分鐘時，可用湯匙或其他物品卡住烤箱門，使其露出縫隙。

閃電泡芙靜置冷卻。然後切去頂部。填入栗子奶霜。放上長條形法式蛋白霜，輕輕壓入。

擠花袋裝蒙布朗花嘴，擠滿栗子糊蓋住法式蛋白霜。擺上少許糖漬栗子塊，以銀箔點綴。

「這是一道火力全開的甜點。

兩大傳奇美味，

閃電泡芙和蒙布朗簡直合而為一，

是甜食愛好者的幸福……」

1. 栗子糊裝入擠花袋。
2. 壓出多餘空氣，以免閃電泡芙上的裝飾栗子泥出現小孔。

RELIGIEUSE
À LA FRAISE DES BOIS ET PISTACHES DE SICILE
野草莓西西里開心果修女泡芙

可製作 6 個

準備時間
前一天 30 分鐘
當天 1 小時 30 分鐘

烘烤時間
45 分鐘

工具
直徑 6 公分半圓形
PC 巧克力模 1 個

泡芙麵糊
鮮乳 190 公克，全脂尤佳
無鹽奶油 75 公克
細白砂糖 3 公克
細鹽 2.5 公克
T55 麵粉 90 公克
全蛋 140 公克（蛋 3 顆份）

脆皮
（前一天製作）
無鹽奶油 150 公克
細白砂糖 150 公克
杏仁粉 150 公克
T55 麵粉 50 公克

開心果奶霜
（前一天製作）
全脂鮮乳 140 公克
液態鮮奶油 140 公克
蛋黃 60 公克（蛋 3 顆份）
細白砂糖 30 公克
白巧克力 180 公克
開心果醬 60 公克

泡芙麵糊

牛奶、切小塊的奶油、糖和鹽放入鍋中煮至沸騰。沸騰時，鍋子離火，加入過篩的麵粉。麵粉充分混合後，鍋子放回火上，以小火加熱。現在要不斷攪拌麵糊，加熱 3 分鐘至收乾糊化，使麵糊不再沾黏刮刀，形成與鍋子內壁輕鬆分離的球狀。
麵糊「收乾」後，倒入調理盆，少量多次加入蛋液混合，直到麵糊變得光滑均勻。以保鮮膜蓋起以免乾燥，放置室溫備用。

脆皮

桌上型攪拌機裝攪拌葉，將奶油攪拌至軟化，然後少量多次加入粉類材料（糖、杏仁粉、麵粉）。
麵團擀至極薄，放入冷凍庫至隔天。
製作當天，切六片直徑 5 公分的圓片與六片直徑 2 公分的圓片。
烤箱預熱至 180℃（溫度 6）。
烤盤鋪烘焙紙，充分間隔，擠出六個直徑 6 公分與六個直徑 2 公分的泡芙麵糊，並在麵糊上擺放脆皮圓片。烘烤 45 分鐘。烤至 30 分鐘時，可用湯匙或其他物品卡住烤箱門，使其露出縫隙。靜置冷卻。

開心果奶霜

牛奶和鮮奶油放入鍋中加熱。
蛋黃和糖放入調理盆快速攪打，倒入熱奶類攪拌，然後整體倒回鍋中，加熱至 85℃。
切碎巧克力。將英式蛋奶醬分數次淋入切碎的巧克力和開心果醬，攪拌使其乳化。以手持攪拌棒均質，備用。

野草莓果醬

野草莓果泥 150 公克
NH 果膠 2 公克
細白砂糖 6 公克
黃檸檬汁 15 公克 *

珠光巧克力脆殼

白巧克力 500 公克
綠色食用珠光粉

組合

野草莓 200 公克

野草莓果醬

混合糖和果膠。野草莓果泥放入鍋中加熱，然後加入糖和果膠。
煮沸 2 分鐘。
倒出果醬，加入黃檸檬汁。放入冰箱冷卻。

珠光巧克力脆殼

隔水加熱融化巧克力，進行調溫：巧克力倒在矽膠墊或巧克力膠
片上，以抹刀抹至 0.1 公分。靜置冷卻數分鐘。
倒入半圓模製作脆殼，並製作六個直徑3公分的圓片。冷藏1小時。
用刷子沾取綠色食用珠光粉，刷在巧克力脆殼上。冷藏備用

組合

切去大泡芙的頂部，用擠花袋填入開心果奶霜，用另一個擠花袋
填入野草莓果醬。
貼上珠光巧克力脆殼，黏上小泡芙。擺上巧克力圓片，頂端放上
野草莓。
擠花袋裝小擠花嘴，在小泡芙底部擠一圈開心果奶霜裝飾。

* 這邊用綠檸檬亦可。

ÉCLAIR
À LA FRAISE

草莓閃電泡芙

可製作 6 個

準備時間
前一天 35 分鐘
當天 30 分鐘

烘烤時間
45 分鐘

泡芙麵糊
鮮乳 190 公克，全脂尤佳
無鹽奶油 75 公克
細白砂糖 3 公克
細鹽 2.5 公克
T55 麵粉 90 公克
全蛋 140 公克（蛋 3 顆份）

草莓英式蛋奶醬
（前一天製作）
鮮乳 300 公克，全脂尤佳
香草莢 1 根
蛋黃 50 公克（蛋 2 顆份）
細白砂糖 60 公克
T55 麵粉 20 公克
卡士達粉 10 公克
（即卡士達預拌粉）
無鹽奶油 30 公克
新鮮草莓 150 公克

泡芙麵糊
牛奶、切小塊的奶油、糖和鹽放入鍋中煮至沸騰。沸騰時，鍋子離火，加入過篩的麵粉。麵粉充分混合後，鍋子放回火上，以小火加熱。現在要不斷攪拌麵糊，加熱 3 分鐘至收乾糊化，使麵糊不再沾黏刮刀，形成與鍋子內壁輕鬆分離的球狀。
麵糊「收乾」後，倒入調理盆，少量多次加入蛋液混合，直到麵糊變得光滑均勻。以保鮮膜蓋起以免乾燥，放置室溫備用。

草莓卡士達
牛奶放入鍋中加熱至微微沸騰。放入半根縱剖刮出籽的香草莢，加蓋浸泡 15 分鐘。
另取一個容器，放入蛋黃、糖、麵粉和卡士達粉。牛奶過篩，倒入蛋糊混合。整體倒回鍋裡重新煮沸，然後續煮 3 分鐘，期間不停攪拌。加入奶油混合。倒出冷藏備用。
組合時，將草莓切小塊，拌開卡士達後放入草莓混合。

30 度波美糖漿
細白砂糖 100 公克
水 100 公克

紅色翻糖
白色翻糖 500 公克
30 度波美糖漿 20 公克
食用紅色色素

白色翻糖
白色翻糖 300 公克
30 度波美糖漿 20 公克

30 度波美糖漿
水和糖放入鍋中煮至沸騰，靜置冷卻。

紅色翻糖
先將白色翻糖加熱軟化再加入幾滴食用色素，然後加入糖漿。室溫備用。

白色翻糖
將白色翻糖加熱融化，加入糖漿混合。室溫備用。

組合
烤箱預熱至 180℃（溫度 6）。烤盤鋪烘焙紙，擠出 13 公分的長條狀泡芙麵糊。烘烤 45 分鐘。烤至 30 分鐘時，可用湯匙或其他物品卡住烤箱門，使其露出縫隙。
閃電泡芙靜置冷卻。然後切去頂部。填入草莓卡士達。
軟化兩種翻糖，閃電泡芙沾浸紅色翻糖，擠花袋不裝擠花嘴，在閃電泡芙上擠出白色翻糖線條。

主廚的建議
可用各種草莓品種製作這道閃電泡芙。
可在鮮奶油中加入少許薄荷葉浸泡。使用擠花袋，可讓白色翻糖的線條更規則。

1. 加熱軟化翻糖。
2. 閃電泡芙沾浸紅色翻糖。
3. 拉動直尺,做出喜歡的線條造型。
4. 將閃電泡芙的邊緣整理乾淨。

「顯然我很喜歡草莓的紅色。
那是生命力、
是慾望、是樂趣、是滋味、是陽光……
是無比的幸福美味！」

準備時間

1 小時

烘烤時間

30 分鐘

工具

20x12 公分不鏽鋼框模

椰子可可脆餅

椰糖 50 公克
可可粉 10 公克
鹽之花 0.3 公克
可可粉 3 公克
米粉 20 公克
椰子細粉 34 公克
水 22 公克
椰子油 45 公克
調溫牛奶巧克力 55 公克
（法芙娜 Xocoline）
去皮杏仁醬 35 公克
葡萄籽油 20 公克

紅色莓果醬

覆盆子 200 公克
黑醋栗 90 公克
草莓 115 公克
香草莢 1 根
椰子果泥 35 公克
椰糖 15 公克
NH 果膠 8 公克
黃檸檬汁 5 公克

費南雪蛋糕

杏仁粉 60 公克
米粉 40 公克
馬鈴薯澱粉 20 公克
有機泡打粉 0.5 公克
椰糖 120 公克
蛋白 120 公克（中型蛋 4 顆份）
葡萄籽油 40 公克
杏仁醬 10 公克

批覆用杏仁巧克力

杏仁碎粒 100 公克
Xocoline 調溫牛奶巧克力 330 公克
Xocoline 調溫黑巧克力 165 公克
葡萄籽油 105 公克

組合

新鮮覆盆子

100

POUR SANS

無麩質椰子巧克力蛋糕

可製作 6 個

椰子可可脆餅

烤箱預熱至 150℃（溫度 5）。所有粉類材料（椰糖、椰子粉、鹽之花、可可粉、椰子細粉）放入調理盆混合，然後加入水，最後加入融化的椰子油。攪拌至均勻的麵糊

烤盤鋪烘焙紙，倒入麵糊抹平至 0.18 公分，烘烤 18 分鐘。

靜置冷卻，敲碎脆餅，然後與融化巧克力、杏仁醬和葡萄籽油拌勻。

取 250 公克脆餅倒入 20x12 公分不鏽鋼框模整平。冷凍 30 分鐘。

紅色莓果醬

莓果、取出的香草籽和椰子果泥放入鍋中加熱至 45℃。

混合椰糖和果膠，放入鍋中，沸騰 2 分鐘。最後加入黃檸檬汁。

費南雪蛋糕

烤箱預熱至 180℃（溫度 6）。

所有粉類材料過篩至調理盆中。加入椰糖，然後放入溫度 20℃的蛋白。加入葡萄籽油和杏仁醬。

倒入 20x12 公分框模，烘烤 7 分鐘。

批覆用杏仁巧克力

烤箱預熱至 160℃（溫度 5/6）。

烤盤鋪烘焙紙，鋪平杏仁，放入烤箱烘烤 5 分鐘至滿意的程度。

巧克力放入鍋中，以 45℃ 融化。

加入葡萄籽油，然後放入杏仁碎粒。

組合

取出不銹鋼框模，在冷凍的脆餅上倒入 350 公克紅色莓果醬，放上費南雪蛋糕，然後再次倒入 350 公克紅色莓果醬。繼續冷藏 2 小時。

切成 12x3 公分的長方形。用叉子叉住蛋糕，裹滿批覆用杏仁巧克力。擺上新鮮覆盆子，並以少許紅色莓果醬點綴。

LES
MACARONS
馬卡龍

可製作 50 個

準備時間

1 小時

烘烤時間

30 分鐘

馬卡龍餅

杏仁粉 250 公克
糖粉 250 公克
蛋白 145 公克（中型蛋 5 顆份）
水 50 公克
細白砂糖 220 公克
食用色素（依照食譜選用）

覆盆子馬卡龍

麵糊用紅色色素 2 公克
新鮮覆盆子 220 公克
覆盆子果泥 140 公克
細白砂糖 60 公克
NH 果膠 7 公克
杏仁粉 70 公克

開心果馬卡龍

（前一天製作）

麵糊用綠色色素 1 公克
＋黃色色素 1 公克
液態鮮奶油 295 公克
吉利丁 2 片
白巧克力 100 公克
開心果醬 50 公克
杏仁粉 20 公克

馬卡龍餅

杏仁粉和糖粉放入調理盆混合。加入食用色素，然後加入 65 公克蛋白。

水和糖放入鍋中加熱至 118℃。

用電動打蛋器打發其餘的蛋白（80 公克）。

將熱糖漿加入打發蛋白，攪打至整體變成蛋白霜：打發蛋白應帶有光澤，仍溫熱。將一半的溫熱蛋白霜混入杏仁粉料，接著加入其餘的蛋白霜混合。

烤盤鋪烘焙紙，擠出直徑 4 公分的馬卡龍麵糊，維持充分間距。靜置室溫 30 分鐘。烤箱預熱至 160℃（溫度 5/6），烘烤約 22 分鐘。靜置冷卻

覆盆子馬卡龍

製作覆盆子果凝：覆盆子果泥、覆盆子和 3/4 的糖放入鍋中加熱。一邊攪拌，煮至沸騰。

混合果膠和其餘的糖，倒入鍋中煮沸。靜置冷卻，最後加入杏仁粉。冷藏備用。

開心果馬卡龍

前一天製作開心果甘納許。吉利丁片放入裝冰水的碗中浸泡 20 分鐘。

鮮奶油放入鍋中煮至沸騰，加入充分瀝乾的吉利丁。澆淋在白巧克力和開心果醬上，均質混合，最後加入杏仁粉。冷藏至隔天。

72% 巧克力馬卡龍

（前一天製作）

麵糊用可可膏 15 公克
液態鮮奶油 350 公克
黑巧克力 150 公克

馬達加斯加香草馬卡龍

（前一天製作）

麵糊用香草莢 1 根
液態鮮奶油 315 公克
香草莢 1 根
吉利丁 1 片
白巧克力 150 公克
杏仁粉 30 公克

焦糖馬卡龍

（前一天製作）

麵糊用黃色色素 1 公克
＋紅色色素 1 公克
液態鮮奶油 140 公克
香草莢 1 根
細白砂糖 130 公克
鹽之花 6 公克
牛奶巧克力 140 公克
奶油 75 公克

72% 巧克力馬卡龍

前一天製作巧克力甘納許：鮮奶油放入鍋中煮至沸騰，分數次澆入巧克力，均質混合。冷藏至隔天。

馬達加斯加香草馬卡龍

前一天製作香草甘納許。吉利丁片放入裝冰水的碗中浸泡 20 分鐘。鮮奶油放入鍋中煮至沸騰，加入充分瀝乾的吉利丁。縱剖刮出籽的香草莢浸泡放入熱鮮奶油浸泡約 20 分鐘。

取出香草莢，將熱鮮奶油分數次淋入白巧克力，均質混合，最後加入杏仁粉。冷藏至隔天。

焦糖馬卡龍

前一天製作焦糖甘納許。鮮奶油和縱剖刮出籽的香草莢與籽放入鍋中煮至沸騰。浸泡 20 分鐘。

另取一支鍋子，放入糖加熱至 170℃煮成焦糖。漸次倒入熱鮮奶油稀釋。加入鹽之花。

整體降至 90℃時，分數次淋入牛奶巧克力，均質混合。降至 45℃時加入奶油。冷藏至隔天。

「馬卡龍是不可或缺的法式生活藝術。

只要嘗過，就再也停不了手！」

皮埃蒙特榛果馬卡龍

（前一天製作）

液態鮮奶油 250 公克
吉利丁 1 片
白巧克力 125 公克
榛果粉 25 公克
榛果醬 100 公克
撒在馬卡龍餅上的榛果粉
100 公克

皮埃蒙特榛果馬卡龍

前一天製作香草甘納許。吉利丁片放入裝冰水的碗中浸泡 20 分鐘。鮮奶油放入鍋中煮至沸騰，加入充分瀝乾的吉利丁。熱鮮奶油分數次淋入白巧克力。混入榛果醬，最後加入榛果粉。冷藏至隔天。

組合

依照選擇的口味，將甘納許或果凝裝入擠花袋，擠在一半的馬卡龍餅上，放上另一片餅輕壓蓋上。
完成的馬卡龍冷藏一晚再品嚐更佳。

主廚的建議

關於食材

可用榛果粉代替杏仁粉或開心果粉，不過最佳比例為 75% 杏仁粉和 25% 榛果粉或 25% 開心果粉。每款馬卡龍都能撒上不同的食材，如堅果粉、切碎的水果乾，甚至爆香麥粒（小麥版的米香）。

關於製作

最好將蛋白提早取出冰箱回溫，讓打發效果更佳。也可將杏仁粉和糖粉進一步研磨的更細，質地越細，馬卡龍就會越光滑。

MILLE-FEUILLE
AUX FRUITS ROUGES
紅色莓果千層

可製作 6 個

準備時間
前一天 1 小時 30 分鐘
當天 1 小時

烘烤時間
30 分鐘

千層麵團
（前一天製作）
T45 麵粉 440 公克
細鹽 8 公克
水 220 公克
無鹽奶油 330 公克

香草香緹鮮奶油
液態鮮奶油 300 公克
（乳脂肪含量 30% 以上）
香草莢 1/2 根
糖粉 20 公克

覆盆子甘納許
（前一天製作）
液態鮮奶油 390 公克
覆盆子果泥 130 公克
調溫白巧克力
（法芙娜 Ivoire）230 公克
吉利丁 1 片

組合
糖粉
野草莓 100 公克
銀箔

千層麵團

桌上型攪拌機裝攪拌勾，麵粉和鹽放入攪拌缸混合。
攪拌的同時，少量多次加水。
麵團整理成正方形，冷藏靜置 1 小時。
奶油放在正方形麵團中央。麵團兩邊向中線對折蓋住奶油。擀開
完成第一折。重複此步驟三次，每完成一折，麵團必須冷藏一小
時。冷藏備用。

香草香緹鮮奶油

以電動打蛋器打發冰涼的液態鮮奶油。為了讓打發香緹鮮奶油更
順利，可將調理盆和打蛋器事先冷藏。
鮮奶油打發後，加入半根香草莢的籽，加入糖粉攪打至硬挺。冷
藏備用

覆盆子甘納許

吉利丁放入裝冰水的碗中浸泡 20 分鐘。
取一只鍋子，將一半的液態鮮奶油（195 公克）與覆盆子果泥煮至
沸騰。沸騰時，加入充分瀝乾的吉利丁片。鮮奶油分三次淋入巧
克力。均質混合。冷藏備用。

組合

烤箱預熱至 210℃（溫度 7）。
千層麵團擀至 0.15 公分，翻面後用叉子戳洞。切出十二片 12x2.5
公分的長方形。烤盤鋪濕潤的烘焙紙，放上千層麵團。烘烤 25 分
鐘。
出爐時撒上糖粉，續烤數分鐘使其焦糖化。靜置冷卻。
桌上型攪拌器裝攪拌球，打發覆盆子甘納許。甘納許裝入擠花
袋，在六片千層派皮上擠兩條並排的長條狀打發甘納許，放上另
一片派皮。
擠花袋裝擠花嘴，在千層派上擠出 S 型香緹鮮奶油。以野草莓和
銀箔裝飾。

LES SIGNATURES

招牌甜點

LES
SIGNATURES
招牌甜點

**極品美味甜點，
所有喜歡主廚創意所帶來的驚喜的人，
全都對他的招牌甜點充滿信心……**

秋分、巴黎－布列斯特、巧克力－香草蛋糕、覆盆子塔、法式草莓蛋糕、蘭姆巴巴……一提到這些甜點，就會想到希里爾‧黎涅克和貝諾瓦‧庫弗朗……焦糖奶霜、巧克力香草甘納許，軟潤香脆等各種口感的平衡……甜點跟隨時代的脈動。

LE
PARIS-BREST
巴黎—布列斯特

可製作 6 人份

準備時間
1 小時 30 分鐘

烘烤時間
45 分鐘

泡芙麵糊
鮮乳 190 公克，全脂尤佳
無鹽奶油 75 公克
細白砂糖 3 公克
細鹽 2 公克
T55 麵粉 90 公克
全蛋 140 公克（大顆蛋 2 顆份）

上色用蛋液
蛋 1 顆＋蛋黃 1 個
水 1 大匙

烘烤
杏仁片 15 公克

帕林內
烤香的榛果 190 公克
細白砂糖 120 公克
水 35 公克
細鹽 1 小撮

泡芙麵糊
依照 58 頁的「覆盆子茴芹聖多諾黑」的食譜製作泡芙麵糊。

上色用蛋液
所有材料放入碗裡混合。冷藏備用。

烘烤
烤箱預熱至 210℃（溫度 7）。烤盤鋪烘焙紙，依照喜好擠出泡芙麵糊的形狀。用刷子沾取蛋液塗刷麵糊，撒上杏仁片。烘烤 35 分鐘。

帕林內
烤箱預熱至 210℃（溫度 7）。烤盤鋪烘焙紙，平放榛果，放入烤箱烘烤約 8 分鐘至滿意。
水和糖放入鍋中，加熱至 117℃。倒入烤香的榛果和鹽。用橡膠刮刀一邊拌勻一邊冷卻。
混合均勻後，焦糖堅果放回火上加熱，直到顏色轉為褐色。
迅速倒出鋪平。靜置冷卻後打成榛果醬。備用。

帕林內奶霜

牛奶 220 公克，全脂鮮乳尤佳
吉利丁 1 片
香草莢 1 根
細白砂糖 40 公克
蛋黃 40 公克（蛋 2 顆份）
卡士達粉 20 公克
無鹽奶油 165 公克
帕林內 150 公克

牛奶巧克力圓片

牛奶巧克力 200 公克

組合

防潮糖粉
金箔

帕林內奶霜

吉利丁放入裝冰水的碗中，浸泡 20 分鐘。

牛奶和縱剖刮出籽的香草莢與籽放入鍋中，加熱至微沸。浸泡 10 分鐘。

另取一個容器，依序放入：糖、蛋黃、卡士達粉。熱牛奶過篩，倒入蛋糖糊攪拌均勻，整體到回鍋中加熱，沸騰後續煮 3 分鐘。離火，加入 15 公克奶油。放入充分瀝乾的吉利丁片。接著加入帕林內。混合至整體呈滑順均勻的奶霜。倒出冷藏 1 小時。

桌上型攪拌機裝攪拌球，將其餘的奶油（150 公克）略微打發，加入帕林內奶霜。

牛奶巧克力圓片

以鍋子隔水加熱融化巧克力，進行調溫：在矽膠墊或巧克力膠片上，用抹刀將巧克力塗抹至 0.1 公分。靜置冷卻數分鐘。

切出直徑 3 公分的圓片。室溫備用。

組合

泡芙橫剖，切成上蓋和底部。在底部泡芙上擠少許帕林內。擠花袋裝擠花嘴，在底部擠上球狀帕林內奶霜。每顆球狀奶霜中填入剩下的帕林內。放上泡芙上蓋。

擠數球帕林內奶霜做為裝飾，撒防潮糖粉。以少許金箔和牛奶巧克力圓片裝飾。

主廚的建議

可用胡桃或開心果帕林內代替榛果帕林內。

盡量打發奶霜，使奶油乳化，可讓奶霜的口感更加濃郁。

LE
BABA AU RHUM
蘭姆巴巴

可製作 6 人份

準備時間

2 小時 30 分鐘

烘烤時間

30 分鐘

巴巴麵團

T45 麵粉 180 公克

細白砂糖 20 公克

細鹽 4 公克

麵包酵母 10 公克

牛奶 8 公克

全蛋 120 公克（中型蛋 2 顆）

無鹽奶油 60 公克＋烤模防沾

亮面杏桃果膠

杏桃果泥 250 公克

細白砂糖 60 公克

吉利丁 3 片

香草香緹鮮奶油

液態鮮奶油 300 公克（乳脂肪含量 30% 以上）

香草莢 1/2 根

糖粉 20 公克

糖漿

細白砂糖 230 公克

水 520 公克

有機黃檸檬皮刨屑 1 顆份

有機柳橙皮刨屑 1 顆份

香草莢 6 公克（1 根）

蘭姆酒 120 公克

巴巴麵團

桌上型攪拌機裝攪拌勾，攪拌盆放入麵粉、糖和鹽。酵母用牛奶拌開，倒入麵粉中以 1 段速攪拌。打散蛋液，少量多次加入麵團。攪打至麵團不再沾黏攪拌盆內壁。

混合均勻後，分三次加入軟化奶油。將麵團攪打至有彈性的麵糊。麵團放在溫暖的房間，靜置發酵 45 分鐘。

巴巴烤模塗奶油，將巴巴麵團裝入烤模至三分之二的高度。再度發酵 30 分鐘。

烤箱預熱至 180℃（溫度 6），烘烤 20 分鐘，同時注意烘烤程度。

亮面杏桃果膠

吉利丁放入裝冰水的碗中浸泡 20 分鐘。

杏桃果泥和糖放入鍋中加熱。離火，加入充分瀝乾的吉利丁。靜置冷卻，冷藏備用。

香草香緹鮮奶油

以電動打蛋器打發冰涼的液態鮮奶油。為了讓打發香緹鮮奶油更順利，可將調理盆和打蛋器事先冷藏。

鮮奶油打發後，加入半根香草莢的籽，加入糖粉攪打至硬挺。冷藏備用。

糖漿

糖和水放入鍋中煮至沸騰。加入黃檸檬和柳橙皮刨屑，接著放入縱剖刮出籽的香草莢與籽。轉小火，加蓋浸泡 30 分鐘。糖漿過篩，溫熱備用。

組合

巴巴浸入熱糖漿，取出放在網架上瀝乾。

以 45℃ 融化杏桃果膠。

巴巴冷卻後，刷上亮面杏桃果膠，擠花袋裝擠花嘴，在中央填入香草香緹鮮奶油。

1. 每製作浸泡用糖漿。 **2.** 從巴巴底部開始放入糖漿浸泡。**3.** 巴巴翻面，讓另一面也浸泡糖漿。

「我非常喜歡巴巴。大家可以隨心所欲地享用，

直接吃或是加入蘭姆酒都很棒，

總之都很美味！」

L'
ÉCLAIR AU CARAMEL
BEURRE SALÉ
有鹽奶油**焦糖閃電泡芙**

可製作 6 個

準備時間
前一天 30 分鐘
當天 2 小時

烘烤時間
45 分鐘

焦糖奶霜
（前一天製作）
液態鮮奶油 140 公克
吉利丁 2 片
細白砂糖 110 公克
無鹽奶油 70 公克
鹽之花 3 公克
馬斯卡彭乳酪 200 公克

焦糖淋面
細白砂糖 75 公克
液態鮮奶油 150 公克
葡萄糖漿 45 公克
白色翻糖 310 公克
有鹽奶油 10 公克

焦糖奶霜

吉利丁放入一碗冰水浸泡。
鮮奶油放入鍋中煮至沸騰，備用。
另取一支鍋子，加入糖和少許水。輕輕混合，以小火加熱，不時攪拌，直到呈現焦糖的褐色。小心地慢慢倒入熱鮮奶油。加入奶油和鹽之花。
靜置冷卻至 25℃。離火，加入充分瀝乾的吉利丁片。
桌上型攪拌器裝攪拌葉，將馬斯卡彭攪拌至軟化，倒入焦糖，混合均勻。冷藏靜置 12 小時。

焦糖淋面

糖放入鍋中煮成乾式焦糖，加熱至糖轉為液態，呈現漂亮的淡金色。
另取一支鍋子加熱鮮奶油。
加入葡萄糖漿和焦糖，加熱至 104℃，然後倒入熱鮮奶油，加熱至 109℃。加入有鹽奶油，混合均勻。
放入冰箱冷卻 15 分鐘，焦糖醬加入軟化的白色翻糖。
室溫備用。

食譜接下頁

泡芙麵糊

鮮乳 190 公克，全脂尤佳

無鹽奶油 75 公克

細白砂糖 3 公克

細鹽 2.5 公克

T55 麵粉 90 公克

全蛋 140 公克（蛋 3 顆份）

泡芙麵糊

牛奶、切小塊的奶油、糖和鹽放入鍋中煮至沸騰。沸騰時，鍋子離火，加入過篩的麵粉。麵粉充分混合後，鍋子放回火上，以小火加熱。現在要不斷攪拌麵糊，加熱 3 分鐘至收乾糊化，使麵糊不再沾黏刮刀，形成與鍋子內壁輕鬆分離的球狀。

麵糊「收乾」後，倒入調理盆，少量多次加入蛋液混合，直到麵糊變得光滑均勻。以保鮮膜蓋起以免乾燥，放置室溫備用。

組合

烤箱預熱至 180℃（溫度 6）。

烤盤鋪烘焙紙，擠出 13 公分的長條狀泡芙麵糊。烘烤 45 分鐘。

烤至 30 分鐘時，可用湯匙或其他物品卡住烤箱門，使其露出縫隙。

閃電泡芙靜置冷卻，填入焦糖奶霜。

軟化淋面，沾浸閃電泡芙的頂部，靜置於室溫數分鐘，使其凝結。

冷藏保存。

主廚的建議

泡芙頂部可撒上焦糖脆片或小塊的軟式焦糖。奶霜中可加入少許橙花水。

LA
TARTE
AUX FRAMBOISES
覆盆子塔

可製作 6 人份

準備時間
前一天 30 分鐘
當天 1 小時 30 分鐘

烘烤時間
25 分鐘

工具
直徑 22 公分不鏽鋼塔圈 1 個
直徑 9 公分、高 2 公分
不鏽鋼圈模 1 個

甜塔皮
（前一天製作）
無鹽奶油 175 公克
杏仁粉 45 公克
糖粉 120 公克
鹽 1 小撮
T55 麵粉 290 公克
蛋液 70 公克（約蛋 1 大顆）

杏仁奶油
（前一天製作）
無鹽奶油 125 公克
糖粉 125 公克
卡士達粉 15 公克
杏仁粉 160 公克
蛋液 90 公克（中型蛋 2 顆），室溫
蘭姆酒 15 公克

塗刷用糖漿
細白砂糖 50 公克
水 100 公克
香草莢 1/2 根

甜塔皮

桌上型攪拌機裝攪拌葉，奶油放進攪拌缸攪打至軟化。
同時間，將杏仁粉、糖粉和鹽之花放進調理盆混合，接著倒入攪拌缸與奶油一起攪拌。
混合均勻後，加入 1/3 的蛋液與 1/3 的麵粉。混合 1 分鐘。剩下的三分之二如前述重複兩次。冷藏靜置。

杏仁奶油

開始製作前 30 分鐘從冰箱取出蛋，使其回復至室溫。
將事先切小塊的奶油放入攪拌機攪打。依序放入糖粉、卡士達粉、杏仁粉。接著逐次加入全蛋蛋液。
整體混合均勻後，加入蘭姆酒。冷藏備用。

塗刷用糖漿

水、糖和半根香草莢（縱剖刮出籽）放入鍋中，煮至沸騰。轉小火，加蓋浸泡 30 分鐘。糖漿過篩備用。

杏仁甘納許

吉利丁片放入一碗冰水浸泡 20 分鐘。
將一半的液態鮮奶油放入鍋中煮至沸騰。加入用雙手充分瀝乾的吉利丁。鮮奶油分三次淋入巧克力，攪拌乳化。加入杏仁奶，一邊不斷攪打。加入其餘的冰涼液態鮮奶油，均質混合。冷藏備用。

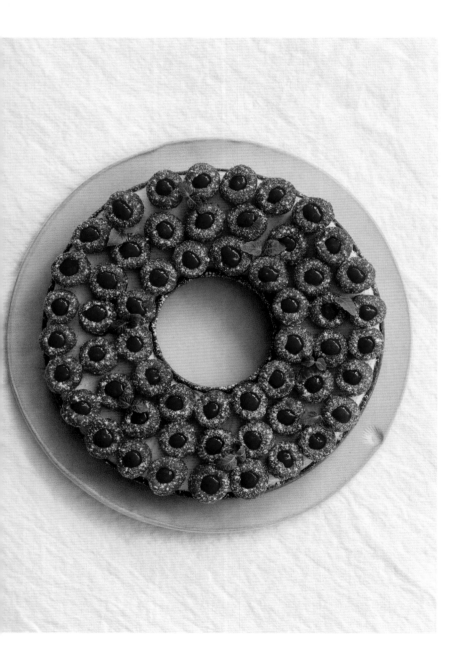

杏仁甘納許
液態鮮奶油 360 公克
白巧克力 90 公克
杏仁奶 30 公克
吉利丁 1 片

糖漬覆盆子
新鮮覆盆子 200 公克
黃檸檬汁 40 公克
細白砂糖 100 公克

組合
新鮮覆盆子 330 公克
糖粉 10 公克
青紫蘇葉適量
塔圈防沾用奶油

糖漬覆盆子
覆盆子、黃檸檬汁和糖放入鍋中加熱 5 分鐘。整體過篩，冷藏備用。

組合
甜塔皮麵團擀平，切出直徑 26 公分圓片，以及寬 2 公分的長條塔皮。直徑 22 公分的塔圈塗奶油，鋪入塔皮。直徑 9 公分圈模放在中央切出一個洞。移除中央切下的圓片，放回圈模，沿著圈模貼上長條塔皮。冷藏 30 分鐘。
烤箱預熱至 175℃（溫度 5/6）。杏仁奶油放入塔皮鋪平。烘烤 20 分鐘。
出爐時塗刷糖漿，靜置冷卻後脫模。桌上型攪拌器裝攪拌球，打發杏仁甘納許。將打發甘納許填入塔皮至與邊緣齊高。覆盆子頂部朝下擺放，撒糖粉。用擠花袋在覆盆子中填入糖漬覆盆子。以少許青紫蘇葉裝飾。

LA
GALETTE DES ROIS
À L'AMANDE
杏仁國王派

可製作 6 人份

準備時間
前一天 2 小時
當天 45 分鐘

烘烤時間
45 分鐘

千層麵團
（前一天製作）
T45 麵粉 440 公克
細鹽 8 公克
水 220 公克
無鹽奶油 330 公克

杏仁奶油
（前一天製作）
杏仁粉 100 公克
糖粉 80 公克
卡士達粉 12 公克
無鹽奶油 80 公克
蛋液 60 公克（蛋 1 顆）
杏仁奶 20 公克

上色用蛋液
蛋 1 顆＋蛋黃 1 個
水 1 大匙

糖漿
細白砂糖 100 公克
水 100 公克

千層麵團

桌上型攪拌機裝攪拌勾，麵粉和鹽放入攪拌缸混合。
攪拌的同時，少量多次加水。
麵團整理成正方形，冷藏靜置 1 小時。
奶油放在正方形麵團中央。麵團兩邊向中線對折蓋住奶油。擀開完成第一折。重複此步驟三次，每完成一折，麵團必須冷藏一小時。冷藏備用。

杏仁奶油

糖粉、杏仁粉和卡士達粉放入調理盆。
桌上型攪拌機裝攪拌葉，將奶油攪拌至膏狀。放入粉類材料混合，然後慢慢加入蛋液。最後倒入杏仁奶。冷藏備用。

上色用蛋液

混合所有材料。冷藏備用。

組合

製作當天，麵團擀至 0.3 公分。
切出兩片直徑 22 公分的派皮。冷藏鬆弛 1 小時。
烤箱預熱至 200℃（溫度 6/7）。
烤盤鋪烘焙紙，放一張圓派皮，塗上杏仁奶油。蓋上第二張圓派皮，封緊邊緣。國王派邊緣刻花，塗刷薄薄的上色用蛋液。用刀子在派頂上畫出漂亮的紋路。
烘烤 45 分鐘。出爐時，用刷子刷一層薄薄的糖漿。靜置冷卻。

「每年的國王派，

　　有如深冬的甜蜜約定，是正月唯一讓人喜愛的東西。

LE
CROQUE-NOISETTE
香脆榛果

可製作 6 人份

準備時間

前一天 1 小時 30 分鐘
當天 1 小時 30 分鐘

烘烤時間

25 分鐘

工具

直徑 12 公分、3 公分和
20 公分不鏽鋼塔圈
巧克力專用噴槍 1 個

巧克力馬卡龍
（前一天製作）

杏仁粉 250 公克
糖粉 250 公克
蛋白 145 公克（中型蛋 5 顆份）
水 50 公克
細白砂糖 220 公克
可可膏 15 公克

批覆用杏仁牛奶巧克力

杏仁碎粒 40 公克
牛奶起克力 210 公克
葵花油 45 公克

占度亞甘納許
（前一天製作）

液態鮮奶油 260 公克
66% 占度亞榛果牛奶巧克力
110 公克
葡萄糖漿 10 公克
吉利丁 2 片

巧克力馬卡龍餅

杏仁粉和糖粉放入調理盆混合。加入 65 公克蛋白。

水和糖放入鍋中加熱至 118℃。

用電動打蛋器打發其餘的蛋白（80 公克）。

將熱糖漿加入打發蛋白，攪打至整體變成蛋白霜：打發蛋白應帶有光澤，仍溫熱。加入融化的可可膏。

將一半的溫熱蛋白霜混入杏仁粉料，接著加入其餘的蛋白霜混合。

烤盤鋪烘焙紙，利用擠花模板，擠出直徑 20 公分的麵糊。靜置室溫 30 分鐘。

烤箱預熱至 160℃（溫度 5/6），烘烤約 30 分鐘。靜置冷卻

批覆用杏仁牛奶巧克力

烤箱預熱至 210℃（溫度 7）。

烤盤鋪烘焙紙，鋪平杏仁，放入烤箱烘烤約 8 分鐘，直到呈現滿意的顏色。

用鍋子以 45℃隔水加熱融化巧克力。接著倒入葵花油和烤香的杏仁。備用。

占度亞甘納許

吉利丁片放入裝冰水的碗中浸泡 20 分鐘。

70 公克的鮮奶油和葡萄糖漿放入鍋中，煮至沸騰。

離火，加入用雙手充分瀝乾的吉利丁。熱鮮奶油分數次淋入切小塊的巧克力。進行乳化，均質混合。最後加入其餘的鮮奶油（190 公克）。冷藏備用 12 小時。

黑巧克力裝飾
（前一天製作）
黑巧克力 300 公克

帕林內
榛果 190 公克
細白砂糖 120 公克
水 35 公克
細鹽 1 小撮

香草香緹鮮奶油
液態鮮奶油 300 公克（乳脂肪
含量 30% 以上）
香草莢 1/2 根
糖粉 20 公克

牛奶巧克力噴砂
牛奶巧克力 300 公克
可可脂 300 公克

組合
完整榛果

黑巧克力裝飾

鍋中放入巧克力融化，進行調溫（進行預結晶）：在矽膠墊或巧克力膠片上，將巧克力抹平至 0.1 公分。靜置冷卻數分鐘。
切出一個直徑 20 公分的圓片，以 12 公分圈模鏤空中央。並切出數個直徑 3 公分的圓片。室溫備用。

帕林內

烤箱預熱至 210℃（溫度 7）。烤盤鋪烘焙紙，平放榛果，放入烤箱烘烤約 8 分鐘至滿意。
水和糖放入鍋中，加熱至 117℃。倒入烤香的榛果和鹽。用橡膠刮刀一邊拌勻一邊冷卻。
混合均勻後，焦糖堅果放回火上加熱，直到顏色轉為褐色。
迅速倒出鋪平。靜置冷卻後打成榛果醬。備用。

香草香緹鮮奶油

以電動打蛋器打發冰涼的液態鮮奶油。為了讓打發香緹鮮奶油更順利，可將調理盆和打蛋器事先冷藏。
鮮奶油打發後，加入半根香草莢的籽，加入糖粉攪打至硬挺。冷藏備用。

巧克力噴砂

隔水加熱融化牛奶巧克力和可可脂。混合均勻。

組合

融化批覆用杏仁牛奶巧克力，裹滿巧克力馬卡龍。桌上型攪拌機裝攪拌球，打發占度亞甘納許。用擠花袋在巧克力馬卡龍餅上擠兩排漂亮的甘納許小球。每顆甘納許放上帕林內。
擺上裝飾用黑巧克力，輕壓固定。整體冷凍 1 小時。
融化噴砂用牛奶巧克力，以噴槍噴滿整個蛋糕。上方以球狀打發占度亞甘納許、黑巧克力圓片、榛果與少許香草香緹鮮奶油裝飾。

「這款蛋糕極為精彩，有如一齣芭蕾，

我們努力在所有元素之間尋找近乎魔法般的平衡。」

LE
FRAISIER
法式草莓蛋糕

可製作 6 人份

準備時間

前一天 1 小時
當天 1 小時

烘烤時間

10 分鐘

工具

直徑 16 公分、高 6 公分
不鏽鋼圈模 1 個
Rhoidoïd® 塑膠圍邊
甜點專用噴槍 1 個

黃檸檬傑諾瓦士蛋糕

全蛋 200 公克（蛋 4 顆）
細白砂糖 100 公克
蛋黃 75 公克（蛋 4 顆份）
有機黃檸檬皮刨屑 1 顆份
無鹽奶油 30 公克
T45 麵粉 80 公克

香草甘納許

（前一天製作）

液態鮮奶油 375 公克
香草莢 5 公克（1 根）
吉利丁 2 片
白巧克力 100 公克

草莓醬

（前一天製作）

草莓果泥 140 公克
青檸檬果泥 20 公克
細白砂糖 25 公克
NH 果膠 3 公克

黃檸檬傑諾瓦士蛋糕

烤箱預熱至 200℃（溫度 6/7）。

隔水加熱全蛋、糖、蛋黃和黃檸檬皮刨屑，同時不時攪拌。溫度達到 40℃時，以手持打蛋器用均速打發蛋糖糊 5 分鐘。融化奶油，逐次倒入蛋糖糊。最後加入已過篩的麵粉。

烤盤鋪烘焙紙，倒入麵糊抹平至 0.15 公分。

烘烤 8 分鐘。靜置冷卻。

切出一片直徑 14 公分的圓形。接著切數個小塊的傑諾瓦士蛋糕，做為裝飾用。

香草甘納許

吉利丁放入裝冰水的碗中浸泡 20 分鐘。

取一只鍋子，將一半的液態鮮奶油與縱剖刮出的香草籽煮至沸騰。離火加蓋靜置 5 分鐘。用雙手瀝乾吉利丁片放入鮮奶油。接著將鮮奶油分三次淋入巧克力，進行乳化。均質混合。最後加入剩下的冰涼液態鮮奶油混合均勻。冷藏備用。

草莓醬

草莓果泥、青檸檬果泥和 15 公克的糖放入鍋中煮至沸騰。混合其餘的糖和果膠。果泥達到 60℃時，加入果膠，繼續沸騰 2 分鐘。倒出，靜置冷卻。

紅色巧克力噴砂
白巧克力 100 公克
可可脂 100 公克
脂溶性食用紅色色素 1 公克

組合
白巧克力 100 公克
草莓 250 公克
食用綠色珠光色素
巧克力花

紅色巧克力噴砂

融化巧克力和可可脂。加入食用紅色色素均質混合。維持 45℃ 以便使用。

組合

烤盤鋪烘焙紙,放上內側鋪塑膠圍邊的圈模。

融化白巧克力,塗在蛋糕片上防潮:在黃檸檬傑諾瓦士蛋糕片上抹薄薄一層巧克力,然後放入圈模裡(巧克力面朝下)。

桌上型攪拌機裝攪拌球,打發香草甘納許,填入擠花袋,沿著蛋糕邊緣和圈模上方各擠一道香草甘納許。

草莓去頭縱剖為二,排放在甘納許上。

用擠花袋在新鮮草莓之間擠上草莓醬。填入香草甘納許至圈模的高度。冷藏 2 小時。

取出草莓蛋糕,移除塑膠圍邊,冷凍 10 分鐘。取出後在上方擠出三球打發香草甘納許。用噴槍在整個蛋糕上噴滿紅色巧克力噴砂。小片的黃檸檬傑諾瓦士裹上綠色珠光色素,放上草莓蛋糕。以巧克力花裝飾。

主廚的建議
可用打發黃檸檬甘納許代替打發香草甘納許。使用大顆草莓對切,可保留草莓的多汁感。

蛋糕上撒少許金箔,可讓這款法式草莓蛋糕更有節慶氣息。

LA
TARTE AU CITRON
黃檸檬塔

可製作 6 人份

準備時間
前一天 30 分鐘
當天 1 小時 30 分鐘

烘烤時間
30 分鐘

工具
甜點專用噴槍 1 個

榛果沙布雷
無鹽奶油 70 公克
榛果粉 70 公克
糖粉 70 公克
T55 麵粉 70 公克

黃檸檬奶霜
（前一天製作）
全蛋 150 公克（中型蛋 3 個）
細白砂糖 150 公克
有機黃檸檬皮刨屑 1 顆份
黃檸檬汁 120 公克
吉利丁 1 片
無鹽奶油 225 公克

黃檸檬醬
黃檸檬果泥 200 公克
細白砂糖 120 公克

榛果沙布雷
烤箱預熱至 165℃（溫度 5/6）。
桌上型攪拌機裝攪拌球，將奶油攪拌至偏硬的膏狀。同時間，混合榛果粉和糖粉。倒入膏狀奶油混合。
攪拌均勻後，少量多次倒入麵粉。
麵團擀至 0.3 公分厚，切出邊長 16 公分的正方形塔皮。烤盤鋪烘焙紙，放上塔皮，烘烤 25 分鐘。靜置冷卻。

黃檸檬奶霜
吉利丁放入一碗冰水中浸泡 20 分鐘。
鍋中放入蛋液、糖、黃檸檬皮和黃檸檬汁混合，加熱至 85℃。離火，加入用手充分瀝乾的吉利丁。靜置降溫至 60℃。
最後加入切丁的冰涼奶油，攪打 3 分鐘，冷藏備用。

黃檸檬醬
黃檸檬果泥和糖放入鍋中加熱。煮沸後，續煮 5 分鐘。靜置冷卻，冷藏備用。

1. 方形榛果沙布雷塔皮放在烘焙紙上。**2.** 擠出漂亮的黃檸檬奶霜。

「對於這樣的經典甜點，改變造型很有樂趣，
　　打造出想像中的外觀，帶來驚喜。」

黃檸檬鏡面果膠
鏡面果膠 150 公克
黃檸檬汁 15 公克
香草莢 1/2 根

白巧克力噴砂
白巧克力 150 公克
可可脂 150 公克

白巧克力裝飾
白巧克力 300 公克
可可脂 120 公克

組合
青紫蘇葉

黃檸檬鏡面果膠
鏡面果膠以黃檸檬汁稀釋，加入半根香草莢粽剖刮出的香草籽。備用。

白巧克力噴砂
融化巧克力和可可脂。維持 45℃以便使用。

白巧克力裝飾
隔水加熱在鍋中融化巧克力和可可脂，進行調溫：巧克力倒在矽膠墊或巧克力膠片上，以抹刀抹至 0.1 公分。靜置冷卻數分鐘。切出邊長 16 公分的正方形，中央切出邊長 11 公分的正方形。保留巧克力框。以噴槍噴滿白巧克力噴砂。

組合
擠花袋裝圓形擠花嘴，在榛果沙布雷塔皮上擠球狀黃檸檬奶霜。所有奶霜球之間淋入黃檸檬醬。放上白巧克力方框，以鏡面果膠和青紫蘇葉裝飾。

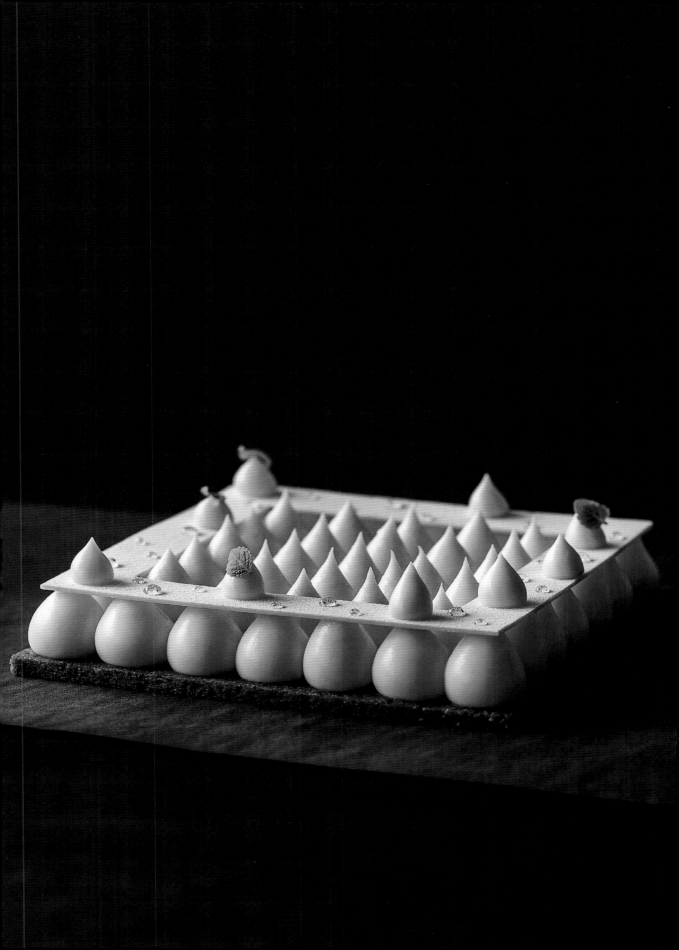

準備時間

前兩天 1 小時 30 分鐘
前一天 1 小時
當天 25 分鐘

烘烤時間

30 分鐘

工具

直徑 16 公分、高 4 公分
不鏽鋼圈模 1 個
直徑 12 公分、高 4 公分
不鏽鋼圈模 1 個
Rhoidoïd® 塑膠圍邊
甜點專用噴槍 1 個

杏仁海綿蛋糕
（前兩天製作）

杏仁粉 80 公克
糖粉 80 公克
全蛋 95 公克（小型蛋 2 顆）
蛋白 90 公克（中型蛋 3 顆份）
細白砂糖 15 公克
無鹽奶油 15 公克
T45 麵粉 20 公克

焦糖奶霜
（前兩天製作）

細白砂糖 80 公克
水 30 公克
香草莢 1 公克（1/4 根份）
液態鮮奶油 170 公克
蛋黃 40 公克（蛋 2 顆份）
吉利丁 2 片

香草甘納許
（前一天製作）

液態鮮奶油 270 公克
香草莢 1 根
吉利丁 2 片
白巧克力 70 公克

L'
ÉQUINOXE
秋分

可製作 6 人份

杏仁海綿蛋糕

桌上型攪拌機裝攪拌球。混合杏仁粉和糖粉，然後倒入攪拌缸。少量多次加入蛋液，將蛋糕打發至體積變成三倍。倒出麵糊，清潔攪拌缸。

打發蛋白，混入細白砂糖。融化奶油。用橡膠刮刀將融化奶油輕輕拌入杏仁蛋糕，然後拌入麵粉。最後加入打發蛋白。

烤箱預熱至 210℃（溫度 7）。烤盤鋪烘焙紙，倒入麵糊整平。烘烤 7 分鐘。靜置冷卻。

蛋糕冷卻後，以直徑 12 公分圈模切圓片。室溫保存 24 小時。

焦糖奶霜

吉利丁放入一碗冰水中浸泡 20 分鐘。

水和糖放入鍋中，煮成焦糖。

另一邊，取 30 公克鮮奶油和縱剖刮出籽的香草莢與籽煮至沸騰。浸泡 10 分鐘。取出香草莢，倒入熱焦糖中稀釋焦糖。混合均勻，然後倒入其餘的冰涼鮮奶油。加入蛋黃，整體攪拌均勻。加入充分瀝乾的吉利丁，均質後靜置冷卻。

直徑 12 公分的不鏽鋼圈模鋪入保鮮膜，使奶霜不會流出，接著倒入焦糖奶霜，放上杏仁海綿蛋糕。冷凍 12 小時。

香草甘納許

吉利丁放入裝冰水的碗中浸泡 20 分鐘。

取一只鍋子，將一半的液態鮮奶油與縱剖刮出的香草籽煮至沸騰。離火加蓋靜置 5 分鐘。用雙手瀝乾吉利丁片，加入鮮奶油。接著將鮮奶油分三次淋入巧克力，進行乳化。混合均勻。最後加入剩下的冰涼液態鮮奶油均質混合。

冷藏備用。

帕林內焦糖餅乾脆底
（前一天製作）
烤熟的甜塔皮 30 公克（食譜請見
52 頁的桑椹黑莓塔）
焦糖餅乾（spéculoos）30 公克
可可脂 10 公克
榛果帕林內 30 公克

紅色淋面
（前一天製作）
液態鮮奶油 50 公克
牛奶 130 公克
天然食用紅色色素數滴
細白砂糖 70 公克
吉利丁 2 片
鏡面果膠 30 公克

灰色巧克力噴砂
白巧克力 80 公克
可可脂 65 公克
葵花油 65 公克
黑色炭粉食用色素適量

帕林內焦糖餅乾脆底
敲碎並混合甜塔皮和焦糖餅乾。加入可可脂和帕林內。混合均勻。
烤盤鋪烘焙紙或矽膠烤墊，將整體倒入直徑 12 公分的圈模，製成
蛋糕的底部。冷藏保存。

紅色淋面
吉利丁放入裝冰水的碗中浸泡 20 分鐘。
鮮奶油、牛奶、食用色素和糖放入鍋中煮至沸騰。
離火，加入用手充分瀝乾的吉利丁和事先融化的鏡面果膠。均質
後冷藏 12 小時。

灰色巧克力噴砂
融化巧克力和可可脂。加入葵花油，然後是色素。均質後存放室
溫備用。使用時加熱至 45℃。

組合
前一天，烤盤鋪矽膠烤墊，放上直徑 12 公分不鏽鋼圈模，內側鋪
塑膠圍邊，放入帕林內焦糖餅乾脆底。
桌上型攪拌機裝攪拌球，打發香草甘納許，裝入擠花袋，沿著脆
底和圈模邊緣擠一道甘納許。放進冷凍焦糖奶霜，然後填入香草
甘納許直到和塔圈邊緣齊高。整體放入冷凍庫一晚。
製作當天，蛋糕脫模，噴上灰色巧克力噴砂。
紅色淋面放入鍋中略微融化，在蛋糕上做出大小不一的水滴。冷
藏保存。

主廚的建議
品嚐前 20 分鐘，從冰箱取出蛋糕，如此更加美味。聖誕節時，可
在海綿蛋糕中加入香料蛋糕的綜合香料。

淋面使用時溫度不可過高，才能形成形狀規則的裝飾。噴砂前，
蛋糕的溫度越低，巧克力噴砂也會越細緻。

「這款蛋糕在我的心中擁有獨特地位，

因為它證明了甜點師能夠帶來**最美好的傳統**，

同時也能帶來創意新穎的驚喜。」

LE
CHOCOLAT-VANILLE
巧克力香草

可製作 6 人份

準備時間
前兩天 1 小時 30 分鐘
前一天 1 小時
當天 25 分鐘

烘烤時間
20 分鐘

工具
直徑 16 公分、高 4 公分
不鏽鋼圈模 1 個
直徑 12 公分、高 4 公分
不鏽鋼圈模 1 個
Rhoidoïd® 塑膠圍邊

可可維也納蛋糕
（前兩天製作）
蛋黃 40 公克（蛋 2 顆份）
全蛋 110 公克（中型蛋 2 顆份）
細白砂糖 115 公克
蛋白 70 公克（中型蛋 2 顆份）
T55 麵粉 30 公克
可可粉 30 公克

塗刷用香草糖漿
香草莢 1/2 根
水 90 公克
吉利丁 1 片

香草白巧克力納美拉卡
（前兩天製作）
鮮乳 100 公克，全脂尤佳
香草莢 1 根
白巧克力 160 公克
液態鮮奶油 200 公克
吉利丁 2 片

可可維也納蛋糕

烤箱預熱至 230℃（溫度 7/8）。
桌上型攪拌機裝攪拌球，打發蛋黃、全蛋和 85 公克的糖，蛋糖糊必須打發至硬挺。加入其餘的糖（30 公克）打發蛋白。將 1/4 的打發蛋白拌入蛋糖糊。加入過篩的麵粉和可可粉混合。加入其餘的打發蛋白拌勻。
烤盤鋪烘焙紙，倒入麵糊抹平，烘烤 4 分鐘。放在網架上冷卻，然後切成直徑 12 公分的圓片。

塗刷用香草糖漿

吉利丁放入裝冰水的碗中浸泡 20 分鐘。
水和縱剖刮出籽的半根香草莢與籽放入鍋中煮至沸騰。浸泡 15 分鐘。離火，加入用手充分瀝乾的吉利丁。混合均勻，靜置冷卻後冷藏備用。

香草白巧克力納美拉卡（Namelaka）

吉利丁放入裝冰水的碗中浸泡 20 分鐘。
牛奶和縱剖刮出籽的香草莢與籽放入鍋中加熱。離火，浸泡 10 分鐘。
隔水加熱巧克力。香草牛奶過篩。離火加入用手充分瀝乾的吉利丁。接著將 1/3 的牛奶淋入巧克力進行乳化。再次到入 1/3 的牛奶混合。倒入最後 1/3 的牛奶，均質混合。
加入冰涼的鮮奶油，冷藏備用。
直徑 12 公分的圈模鋪保鮮膜，倒入巧克力糊，然後放上可可維也納蛋糕片，略微塗刷香草糖漿。冷凍 24 小時。

可可占度亞餅乾

無鹽奶油 75 公克
可可粉 25 公克
T55 麵粉 80 公克
鹽之花 2.5 公克
細白砂糖 105 公克
全蛋 15 公克（蛋 1/4 顆）
榛果粉 100 公克
巧克力占度亞 145 公克

黑巧克力打發甘納許

液態鮮奶油 425 公克
吉利丁 2 片
66% 黑巧克力 150 公克

巧克力淋面
（前一天製作）
液態鮮奶油 110 公克
水 55 公克
細白砂糖 160 公克
可可粉 50 公克
吉利丁 2 片

巧克力小圓片
66% 黑巧克力 150 公克
金粉

可可占度亞餅

烤箱預熱至 175℃（溫度 5/6）。
桌上型攪拌機裝攪拌葉，奶油攪拌至軟化，加入可可粉、麵粉、鹽之花、糖。全部混合後，少量多次加入蛋液和榛果粉。
烤盤鋪烘焙紙或矽膠烤墊，鋪平麵團，烘烤 10 分鐘。靜置冷卻。用刀子切碎餅乾，然後加入融化的占度亞。整體倒入直徑 12 公分的圈模整平，冷藏備用。另外保留一小部分做為裝飾用。

黑巧克力打發甘納許

吉利丁放入裝冰水的碗中浸泡 20 分鐘。
取 125 公克鮮奶油，放入鍋中煮至沸騰。用手瀝乾吉利丁，放入熱鮮奶油混合，接著分三次淋入巧克力以進行乳化。最後加入其餘的冰涼液態鮮奶油，均質混合。
保留 80 公克的甘納許做為蛋糕裝飾。冷藏備用。

巧克力淋面

吉利丁放入裝冰水的碗中浸泡 20 分鐘。
鮮奶油放入鍋中煮至沸騰，然後加入水和糖。接著加入可可粉。離火，放入用手充分瀝乾的吉利丁。均質混合後冷藏 12 小時。

巧克力小圓片

隔水加熱巧克力，然後進行調溫：巧克力倒在矽膠墊或巧克力膠片上，以抹刀抹至 0.2 公分。靜置冷卻數分鐘。
用切模切出小圓片。撒上金粉。室溫備用。

2
—
3

1

1. 蛋糕墊高，以便裹上淋面。
2. 蛋糕淋滿可可淋面。
3. 用抹刀將蛋糕抹至光滑。

組合

白巧克力
可可粉

組合

前一天，烤盤鋪矽膠烤墊，放上直徑 16 公分圈模。內襯塑膠圍
邊，放進巧克力占度亞餅。

桌上型攪拌機裝攪拌球，打發黑巧克力甘納許，填入擠花袋，在
巧克力占度亞餅和圈模之間擠一道甘納許。放入白巧克力納美拉
卡，然後填滿甘納許至圈模上方。冷凍一晚。

製作當天，融化巧克力淋面。取下不鏽鋼圈模，將蛋糕放在網架
上，淋上淋面。事先融化的白巧克力裝入烘焙紙擠花袋，在蛋糕
上畫出線條裝飾。

擠花袋裝擠花嘴，以其餘的巧克力打發甘納許和金色巧克力小圓
片裝飾蛋糕。巧克力占度亞餅切成小方塊，裹滿可可粉，放在蛋
糕上。

LES
CLASSIQUES REVISITÉS

經典甜點，重新詮釋

LES
CLASSIQUES
REVISITÉS
經典甜點，重新詮釋

閉上雙眼，記憶中立刻浮現這些蛋糕，
在孩童視線高度的櫥窗裡……
我們的甜點店重新詮釋的不朽傑作……

聖托佩塔、帕芙洛娃、法式冰淇淋蛋糕、黑森林……
這些蛋糕的名字就是愉悅的地理，是甜點世界地圖
上的幻想國度……紅色莓果下的鬆脆蛋白糖霜、
近乎黑色的糖漿的神祕感、香緹鮮奶油的快活輕
盈……歡迎來到傳統永存的目的地。

LA

PAVLOVA

AUX FRUITS ROUGES

紅色莓果帕芙洛娃

可製作 6 人份

準備時間
1 小時

烘烤時間
45 分鐘

法式蛋白霜
蛋白 100 公克（蛋 3 顆份）
鹽 1 小撮
青檸檬汁 3 公克
細白砂糖 100 公克
糖粉 100 公克
椰子粉適量

覆盆子青檸果醬
覆盆子 200 公克
有機青檸檬皮刨屑 1 顆份
紅糖 30 公克
NH 果膠 3 公克

法式蛋白霜

桌上型攪拌機裝攪拌球，放入蛋白、鹽和青檸檬汁打發。分三次加入細白砂糖，繼續打發至蛋白細滑緊實，然後加入過篩的糖粉。烤盤鋪烘焙紙，擠花袋裝 5 號圓形擠花嘴，擠出直徑 18 公分的圓形。周圍以 8 號擠花嘴擠出裝飾用的小球狀蛋白霜，撒上椰子粉。烤箱預熱至 130℃（溫度 4/5），然後烘烤 45 分鐘。

覆盆子青檸果醬

鍋中放入覆盆子與青檸檬皮刨屑加熱。混合紅糖和 NH 果膠。加熱至 45℃時，倒入糖和果膠煮至沸騰。冷藏備用。

輕盈奶霜

馬斯卡彭乳酪 95 公克
液態鮮奶油 185 公克
細白砂糖 50 公克
香草莢 1 根

組合

草莓 125 公克
覆盆子 125 公克
野草莓 100 公克
黑莓 50 公克
藍莓 50 公克

輕盈奶霜

少量多次加入鮮奶油，稀釋馬斯卡彭乳酪。加入糖和縱剖刮出香草莢的籽。混合均勻，冷藏備用。

組合

桌上型攪拌機裝攪拌球，將輕盈奶霜打發至濃郁蓬鬆。
覆盆子青檸果醬裝入擠花袋，擠在法式蛋白霜圓片上。接著加上輕盈奶霜。放上綜合紅色莓果，以椰子蛋白霜小球裝飾。

「帕芙洛娃是無上的享受！

水果、脆口的蛋白霜⋯⋯所有這些口感與混合的風味⋯⋯

是最愉悅的組合！」

準備時間
前一天 40 分鐘
當天 1 小時 30 分鐘

烘烤時間
2 小時 30 分鐘

工具
鋸齒刮板
Rhoidoïd® 塑膠圍邊
不鏽鋼橢圓模 1 個

法式蛋白霜
（前一天製作）
蛋白 100 公克（蛋 3 顆份）
細白砂糖 100 公克
糖粉 100 公克
食用紅色色素適量

優格雪酪
（前一天製作）
細白砂糖 133 公克
水 133 公克
無糖原味優格 333 公克

香草香緹鮮奶油
液態鮮奶油 300 公克（乳脂肪
含量 30% 以上）
香草莢 1/2 根
糖粉 20 公克

覆盆子香緹鮮奶油
馬斯卡彭乳酪 118 公克
液態鮮奶油 235 公克
細白砂糖 63 公克
覆盆子果泥 84 公克

覆盆子果醬
覆盆子 279 公克
細白砂糖 75 公克
NH 果膠 5 公克
黃檸檬汁 26 公克

組合
新鮮覆盆子 125 公克
銀箔

* 若有剩下的蛋白霜或雪酪，可分別
放入密封容器冷凍保存供日後使用。

LE
VACHERIN
AUX FRUITS ROUGES

紅色莓果冰淇淋蛋糕

可製作 6 個

法式蛋白霜

桌上型攪拌機裝攪拌球，放入蛋白打發，加入細白砂糖，打發至蛋白細滑
緊實。加入過篩的糖粉，
蛋白霜分成三份，一份染成粉紅色，一份染成紅色。白色蛋白霜裝入擠花
袋，擠在塑膠圍邊上抹平，然後用鋸齒刮板刮過。在間隙處擠入粉紅色和
紅色蛋白霜。
將塑膠圍邊放在橢圓模具內側，蛋白霜朝內。其餘的白色蛋白糖霜擠成水
滴狀做為裝飾用。放入 80℃（溫度 2/3）的烤箱烘乾 2 小時 30 分鐘。

優格雪酪

水和糖放入鍋中煮成糖漿，與優格混合。靜置冷卻後，放入冰淇淋機 30 分
鐘。冷凍至隔天。

香草香緹鮮奶油

以電動打蛋器打發冰涼的液態鮮奶油。為了讓打發香緹鮮奶油更順利，可
將調理盆和打蛋器事先冷藏。
鮮奶油打發後，加入半根香草莢的籽，加入糖粉攪打至硬挺。冷藏備用

覆盆子香緹鮮奶油

少量多次加入鮮奶油，稀釋馬斯卡彭乳酪。加入糖和覆盆子果泥。桌上型
攪拌機裝攪拌球，將整體打發。冷藏備用。

覆盆子果醬

一半的覆盆子和 3/4 的糖放入鍋中加熱。混合其餘的糖和果膠，倒入鍋
中。沸騰後續煮 2 分鐘。倒出，拌入剩下的覆盆子和黃檸檬汁。靜置冷
卻，冷藏保存。

組合

取下充分乾燥的蛋白霜。在蛋白霜中擠入香草香緹鮮奶油。放上少許優格
雪酪。用擠花袋，沿著邊緣擠一圈覆盆子果醬，然後擠入球狀的香草和覆
盆子香緹鮮奶油。
三顆覆盆子對切，放在球狀蛋白霜之間。
以幾滴覆盆子果醬、水滴造型蛋白霜和銀箔裝飾。立即享用。

LA
TROPÉZIENNE
聖托佩塔

可製作 6 人份

準備時間
前一天 1 小時 30 分鐘
當天 1 小時

烘烤時間
25 分鐘

工具
直徑 20 公分不鏽鋼圈模 1 個

布里歐修麵團
（前一天製作）
T45 麵粉 280 公克
細白砂糖 30 公克
細鹽 6 公克
麵包酵母 12 公克
蛋液 186 公克（中型蛋 3 顆）
無鹽奶油 225 公克

上色用蛋液
蛋 1 顆＋蛋黃 1 個
水 1 大匙

香草卡士達
牛奶 440 公克
香草莢 2 根
細白砂糖 80 公克
蛋黃 80 公克（大型蛋 4 顆份）
卡士達粉 40 公克
吉利丁 2 片
液態鮮奶油 150 公克
無鹽奶油 30 公克

布里歐修麵團

桌上型攪拌機裝攪拌勾，使用 1 段速混合麵粉、糖、鹽，然後放入酵母。逐次加入蛋液，混合至麵團均勻。接著以 2 段速攪拌麵團，直到麵團不沾黏攪拌缸內壁。

以 1 段速攪拌麵團，加入切小丁的奶油，攪拌至整體混合均勻，接著改為 2 段速攪拌至麵團不沾黏攪拌缸內壁。靜置室溫 1 小時。

麵團擀至 1.5 公分，切成直徑 20 公分的圓形。冷藏鬆弛 12 小時。

上色用蛋液

所有材料放入碗裡混合。冷藏備用。

香草卡士達

吉利丁放入裝冰水的碗中浸泡 20 分鐘。

牛奶放入鍋中，加熱至微沸。放入縱剖刮出籽的香草莢，浸泡 20 分鐘。

另取一個容器，放入糖、蛋黃和卡士達粉。香草牛奶過篩，倒入蛋糖糊。放回火上加熱至沸騰 3 分鐘。

離火，加入充分瀝乾的吉利丁，冷藏 45 分鐘。

打發液態鮮奶油。拌開香草卡士達醬，然後加入打發鮮奶油。冷藏保存。

組合

粗粒珍珠糖 100 公克
糖粉

組合

製作當天，烤箱預熱至 30℃（溫度 1），達到溫度後，烤箱關火等待 5 分鐘。烤盤鋪烘焙紙，放上布里歐修圓扁麵團，發酵 30 分鐘。取出布里歐修麵團，溫度提高至 165℃（5/6 段溫度）。
用刷子沾取蛋液為布里歐修上色，撒上珍珠糖。再度放進烤箱，烘烤 25 分鐘。
靜置冷卻。布里歐修橫剖為二，在底部擠球狀香草卡士達醬。放上布里歐修頂蓋，撒糖粉。

主廚的建議

可用加入橙花水的糖漿塗刷布里歐修。可在布里歐修麵團中加入粉紅焦糖堅果或榛果碎粒。

可在製作當天烘烤布里歐修，以保持濕潤鬆軟的口感。香草卡士達醬中加入糖漬柳橙皮刨屑，可帶來不同的夏日風味。

LA
FORÊT-NOIRE
黑森林

可製作 6 人份

準備時間

前兩天 1 小時 30 分鐘
前一天 1 小時
當天 30 分鐘

烘烤時間

15 分鐘

工具

邊長 10 公分不鏽鋼立方模
Rhoidoïd® 塑膠圍邊
邊長 16 公分、高 3 公分
不鏽鋼正方框模
巧克力專用噴槍 1 個

可可蛋糕
（前兩天製作）

麵粉 25 公克
馬鈴薯澱粉 25 公克
可可粉 30 公克
蛋黃 120 公克（大型蛋 6 顆份）
細白砂糖 125 公克
無鹽奶油 60 公克
蛋白 125 公克（中型蛋 4 顆份）

覆盆子果凝
（前兩天製作）

新鮮覆盆子 90 公克
細白砂糖 120 公克
NH 果膠 10 公克
杏仁粉 80 公克

可可蛋糕

烤箱預熱至 210℃（溫度 7）。

麵粉、馬鈴薯澱粉和可可粉過篩。蛋黃與 2/3 的糖打發至呈緞帶狀落下。同時間，融化奶油攪拌均勻，然後加入蛋糖糊，接著加入粉類材料。打發蛋白，加入剩下 1/3 的糖打發至硬挺緊實。打發蛋白分數次拌入麵糊。

烤盤鋪烘焙紙，倒入麵糊抹平，烘烤 11 至 12 分鐘。室溫備用。

覆盆子果凝

混合糖和果膠。覆盆子放入鍋中，加熱至 45℃。倒入糖和果膠煮至沸騰，續煮 2 分鐘。倒入方形調理盤或圓形調理盆，靜置冷卻。整體冷卻後，加入杏仁粉。冷藏備用。

香草卡士達

（前兩天製作）

鮮乳 150 公克，全脂尤佳

香草莢 1/2 根

蛋黃 25 公克（蛋 1 顆份）

細白砂糖 30 公克

T55 麵粉 10 公克

卡士達粉 5 公克

無鹽奶油 15 公克

櫻桃白蘭地慕斯

（前兩天製作）

卡士達 130 公克

吉利丁 5 公克

櫻桃白蘭地 30 公克

液態鮮奶油 330 公克

巧克力慕斯

（前兩天製作）

牛奶 160 公克

吉利丁 2 片

調溫黑巧克力 220 公克

液態鮮奶油 280 公克

巧克力淋面

（前一天準備）

細白砂糖 200 公克

水 75 公克

可可粉 70 公克

液態鮮奶油 140 公克

吉利丁 10 公克（5 片）

香草卡士達

牛奶放入鍋中加熱至微微沸騰。放入半根縱剖刮出籽的香草莢，加蓋浸泡 15 分鐘。

另取一個容器，放入蛋黃、糖、麵粉和卡士達粉。牛奶過篩，倒入蛋糊混合。整體倒回鍋裡重新煮沸，然後續煮 3 分鐘，期間不停攪拌。

加入奶油混合。倒出鍋子，冷藏備用。

櫻桃白蘭地慕斯

卡士達加熱至溫熱，加入融化的吉利丁（事先泡水軟化瀝乾）。待整體降溫至 35℃，然後加入櫻桃白蘭地。打發液態鮮奶油。卡士達倒入液態鮮奶油混合。

巧克力慕斯

吉利丁放入裝冰水的碗中浸泡 20 分鐘。

牛奶加熱，離火，放入充分瀝乾的吉利丁。

牛奶淋入黑巧克力。打發鮮奶油，然後拌入巧克力糊。

巧克力淋面

吉利丁放入裝冰水的碗中浸泡 20 分鐘。

水和糖煮成糖漿，與可可粉混合。鮮奶油煮至沸騰，加入糖漿裡。靜置冷卻至 70℃，然後加入充分瀝乾的吉利丁。均質混合，靜置室溫（20 至 25℃）備用。

黑巧克力噴砂
黑巧克力 200 公克
可可脂 200 公克

組合
新鮮櫻桃

黑巧克力噴砂
融化巧克力和可可脂，均質混合。使用時加熱至 45℃。

組合
烤盤鋪烘焙紙或矽膠烤墊，放上 16 公分正方框模，內側鋪塑膠圍邊。將可可蛋糕切成框模的尺寸。

用抹刀抹開覆盆子果凝，冷藏 20 分鐘。倒入櫻桃白蘭地慕斯，整體厚度不可超過 2 公分。冷凍一晚。

隔天移去框模和塑膠圍邊，切成四個 7x7 公分的正方形。烤盤鋪烘焙紙或矽膠烤墊，擺上邊長 10 公分立方模，內側鋪塑膠圍邊。放入第一個慕斯蛋糕方塊。用擠花袋在慕斯蛋糕周圍和上方擠入巧克力慕斯。其餘的三塊慕斯蛋糕重複相同步驟。上方抹平，與模具切齊，冷凍 12 小時。

製作當天，移去不鏽鋼立方模和塑膠圍邊，蛋糕放在烤盤上。用噴槍噴上黑巧克力噴砂。

用擠花袋擠上幾滴巧克力淋面。以新鮮櫻桃裝飾。

主廚的建議
可在櫻桃白蘭地慕斯中加入酸櫻桃碎粒。
也可用巧克力淋面覆蓋這款黑森林蛋糕，使外觀更有光澤。

LA BÛCHE
GRIOTTE ET FÈVE TONKA
酸櫻桃零陵香豆木柴蛋糕

可製作 6 人份

準備時間

前兩天 3 小時
前一天 1 小時 30 分鐘
當天 45 分鐘

烘烤時間

30 分鐘

工具

木柴蛋糕模 1 個
甜點專用噴槍 1 個

可可維也納蛋糕
（前兩天製作）

蛋黃 40 公克（蛋 2 顆份）
全蛋 110 公克（中型蛋 2 顆份）
細白砂糖 115 公克
蛋白 70 公克（中型蛋 2 顆份）
T55 麵粉 30 公克
可可粉 30 公克

可可占度亞餅
（前兩天製作）

無鹽奶油 75 公克
可可粉 25 公克
T55 麵粉 80 公克
鹽之花 2.5 公克
細白砂糖 105 公克
全蛋 15 公克（蛋 1/4 顆）
榛果粉 100 公克
巧克力占度亞 145 公克

零陵香豆甘納許
（前兩天製作）

白巧克力 70 公克
液態鮮奶油 340 公克
零陵香豆刨細粉 1 小匙
吉利丁 2 片

可可維也納蛋糕

烤箱預熱至 230℃（溫度 7/8）。

桌上型攪拌機裝攪拌球，打發蛋黃、全蛋和 85 公克的糖，蛋糖糊必須打發至硬挺。加入其餘的糖（30 公克）打發蛋白。將 1/4 的打發蛋白拌入蛋糖糊。加入過篩的麵粉和可可粉。拌入其餘的打發蛋白。

烤盤鋪烘焙紙，倒入麵糊抹平，烘烤 4 分鐘。放在網架上冷卻，然後切成 16x4 公分的帶狀。

可可占度亞餅

烤箱預熱至 175℃（溫度 5/6）。

桌上型攪拌機裝攪拌葉，奶油攪拌至軟化，加入可可粉、麵粉、鹽之花、糖。全部混合後，少量多次加入蛋液和榛果粉。

烤盤鋪烘焙紙或矽膠烤墊，鋪平麵團，烘烤 10 分鐘。靜置冷卻。用刀子切碎餅乾，然後加入融化的占度亞。

擀平餅乾，切出 20x6 公分的帶狀（即烤模的尺寸），冷藏備用。

零陵香豆甘納許

吉利丁放入裝冰水的碗中浸泡 20 分鐘。

巧克力放入鍋中，隔水加熱融化。另一邊，將一半的鮮奶油煮至沸騰。加入零陵香豆，加蓋浸泡 5 分鐘。用手瀝乾吉利丁，放入鮮奶油。熱鮮奶油分三次淋入巧克力，進行乳化。最後加入其餘的冰涼液態鮮奶油，均質混合。冷藏 12 小時。

酸櫻桃果醬

（前一天製作）

去核酸櫻桃 215 公克
酸櫻桃果泥 130 公克
細白砂糖 50 公克
果膠 5 公克
黃檸檬汁 10 公克

酸櫻桃淋面

（前一天製作）

液態鮮奶油 100 公克
牛奶 260 公克
天然食用紅色色素
細白砂糖 140 公克
吉利丁 4 片
鏡面果膠 60 公克

白巧克力片

白巧克力 300 公克

白巧克力噴砂

（前一天製作）

白巧克力 150 公克
可可脂 150 公克

酸櫻桃果醬

酸櫻桃、酸櫻桃果泥和 3/4 的糖放入鍋中，煮至沸騰。
其餘的糖和果膠混合，在果泥沸騰時加入。再度煮沸。
離火，加入黃檸檬汁。倒出冷卻。冷藏一晚。

酸櫻桃淋面

吉利丁放入裝冰水的碗中浸泡 20 分鐘。
鮮奶油、牛奶、糖放入鍋中，煮至沸騰。離火，加入充分瀝乾的
吉利丁、事先融化的鏡面果膠，以及數滴食用色素。均質混合，
冷藏 12 小時。

白巧克力片

在鍋中隔水加熱，融化巧克力，進行調溫：在矽膠墊或巧克力膠
片上，將巧克力抹平至 0.1 公分。靜置冷卻數分鐘。
切一片 18x2 公分的長方形。室溫備用。

白巧克力噴砂

融化巧克力和可可脂。備用。
零陵香豆甘納許裝入擠花袋，在白巧克力片上擠出波浪形，用噴
槍在整體噴上白巧克力噴砂。

「聖誕節總是帶有某種魔法氣息。

這道木柴蛋糕有如尚未揭開布幔的壓軸好戲，

將在晚餐結束時揭曉，是盛宴的最後一幕，精彩的終章。」

組合

前一天，桌上型攪拌機裝攪拌球，打發零陵香豆甘納許。

在木柴模具底部填入第一層，然後覆蓋邊緣。

填入酸櫻桃果醬和長方形維也納可可蛋糕。

填入零陵香豆打發甘納許至七分滿，接著放入可可占度亞餅。剩下的零陵香豆打發甘納填滿模具。冷凍一晚。

製作當天，融化酸櫻桃淋面。木柴蛋糕脫模放在網架上，淋上淋面。上方擺放已經裝飾好的白巧克力片。

主廚的建議

可用砂勞越黑胡椒等其他辛香料代替零陵香豆。可用覆盆子代替酸櫻桃。

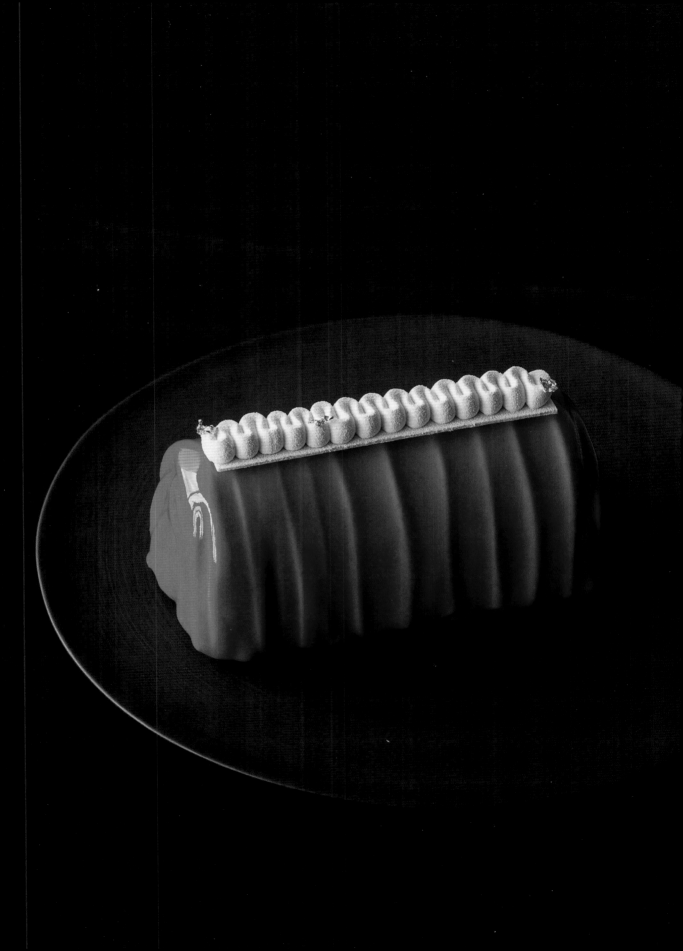

ANNEXES
附錄

食譜目錄

希里爾・黎涅克

食材索引（按字首筆畫順序）

希里爾・黎涅克

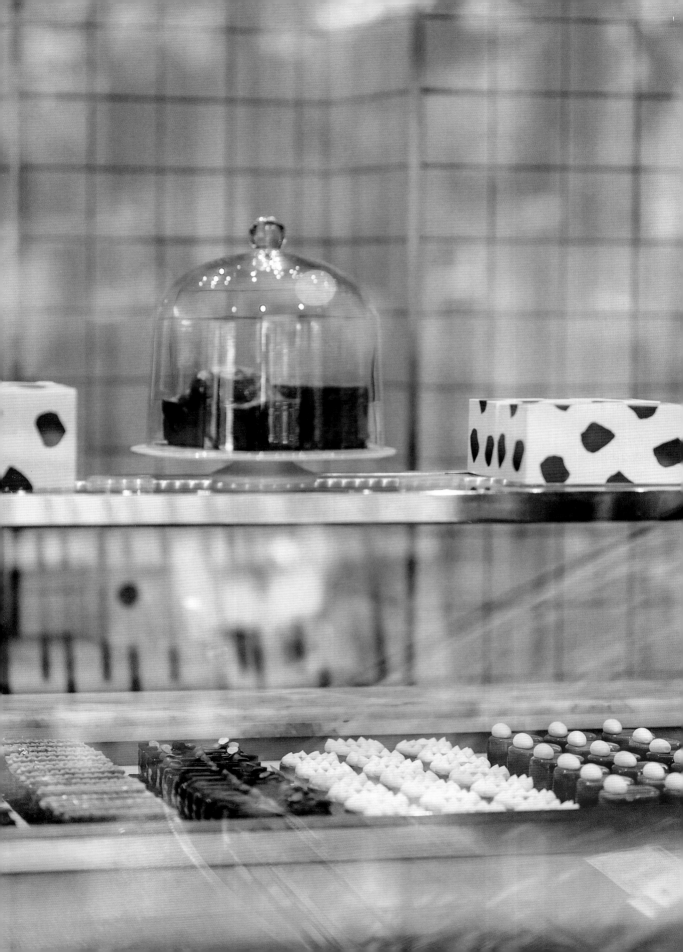

珈藺洛‧巴爾黛的謝詞

感謝以下陶藝家們的寶貴合作：

Marion Graux www.mariongraux.com，33、156、161、162 頁。

Rina Menardi www.rinamenardi.com，43、53、136、144、201、203、209 頁

織品：www.caravane.fr

謝 詞

感謝 Benoît 帶來這場如此美妙的冒險。謝謝你的才華和精確性，還有將我們連結在一起的默契。

謝謝我的甜點師、巧克力師和麵包師們，我打從心底感謝你們的才華。你們就是甜點技藝的守護者！

謝謝我所有的銷售團隊，每天盡其所能，永遠面帶微笑。

謝謝 David，我的合夥人與一路上的夥伴，謝謝這份不滅的友誼。

感謝 Laurence Mentil，謝謝你為這本書帶來的觀點，以及每日對我的支持。

感謝 Jérôme Galland，認識你真是太棒了！謝謝你以如此美麗的角度看待我的甜點。

感謝 Garlone，謝謝你的魔法巧手以及對細節的敏銳度，讓一切截然不同。

感謝保羅－亨利將我們的想法轉譯成如此精準的文字。

感謝 Laure Aline，初次合作便如此順利，謝謝你的信任。

希里爾‧黎涅克

LA PÂTISSERIE
CYRIL LIGNAC
實體店資訊

www.gourmand-croquant.com

_____

LA
PÂTISSERIE
CYRIL LIGNAC

巴黎星級名店 LA PÂTISSERIE CYRIL LIGNAC 甜點大全：法國國民主廚黎涅克的 55 道經典食譜
LA PÂTISSERIE DE CYRIL LIGNAC

作者	希里爾‧黎涅克 Cyril Lignac、貝諾瓦‧庫弗朗 Benoit Couvrand
攝影	傑洛姆‧嘉蘭 Jérôme Galland
食物造型	珈蘿洛‧巴爾黛 Garlone Bardel
撰文	保羅一亨利‧畢宗 Paul-Henry Bizon
翻譯	韓書妍
審訂	廖家瑜 Linda Liao
責任編輯	謝惠怡
封面設計	郭家振
內文排版	吳侑珊
行銷企劃	張嘉庭

發行人	何飛鵬
事業群總經理	李淑霞
社長	饒素芬
圖書主編	葉承享

出版　　城邦文化事業股份有限公司 麥浩斯出版
E-mail　　cs@myhomelife.com.tw
地址　　115 台北市南港區昆陽街 16 號 7 樓
電話　　02-2500-7578

發行　　英屬蓋曼群島商家庭傳媒股份有限公司城邦分公司
地址　　115 台北市南港區昆陽街 16 號 5 樓
讀者服務專線　　0800-020-299（09:30 ～ 12:00；13:30 ～ 17:00）
讀者服務傳真　　02-2517-0999
讀者服務信箱　　Email: csc@cite.com.tw
劃撥帳號　　1983-3516
劃撥戶名　　英屬蓋曼群島商家庭傳媒股份有限公司城邦分公司

香港發行　　城邦（香港）出版集團有限公司
地址　　香港九龍九龍城土瓜灣道 86 號順聯工業大廈 6 樓 A 室
電話　　852-2508-6231
傳真　　852-2578-9337

馬新發行　　城邦（馬新）出版集團 Cite（M）Sdn. Bhd.
地址　　41, Jalan Radin Anum, Bandar Baru Sri Petaling, 57000 Kuala Lumpur, Malaysia.
電話　　603-90578822
傳真　　603-90576622

總經銷　　聯合發行股份有限公司
電話　　02-29178022
傳真　　02-29156275

製版印刷　　鴻霖印刷傳媒股份有限公司
定價　　新台幣 799 元／港幣 266 元
2024 年 12 月初版一刷
ISBN 978-626-7558-48-5（平裝）
版權所有‧翻印必究（缺頁或破損請寄回更換）

國家圖書館出版品預行編目(CIP)資料

巴黎星級名店 La Pâtisserie Cyril Lignac 甜點大全：法國國民主廚黎涅克的 55 道經典食譜 / 希里爾‧黎涅克(Cyril Lignac), 貝諾瓦‧庫弗朗(Benoit Couvrand)作；韓書妍翻譯 . -- 初版 . -- 臺北市：城邦文化事業股份有限公司麥浩斯出版：英屬蓋曼群島商家庭傳媒股份有限公司城邦分公司發行, 2024.12
面；　公分
譯自：La Pâtisserie de Cyril Lignac
ISBN 978-626-7558-48-5(平裝)

1.CST: 點心食譜 2.CST: 法國

427.16　　　　　　　　　　113016992